ON

중등수학
1-2

수학이 쉬워지는 완벽한 솔루션

완쏠

개념연산

완쏠 **개념연산**
중등수학 1-2

발행일	2024년 9월 20일
펴낸곳	메가스터디(주)
펴낸이	손은진
개발 책임	배경윤
개발	김민, 오성한, 신상희, 성기은, 김건지
디자인	이정숙, 주희연, 신은지, ㈜에딩크
마케팅	엄재욱, 김세정
제작	이성재, 장병미
주소	서울시 서초구 효령로 304(서초동) 국제전자센터 24층
대표전화	1661-5431(내용 문의 02-6984-6901 / 구입 문의 02-6984-6868,9)
홈페이지	http://www.megastudybooks.com
출판사 신고 번호	제 2015-000159호
출간제안/원고투고	메가스터디북스 홈페이지 <투고 문의> 등록

메가스터디BOOKS

'메가스터디북스'는 메가스터디(주)의 교육, 학습 전문 출판 브랜드입니다.
초중고 참고서는 물론, 어린이/청소년 교양서, 성인 학습서까지 다양한 도서를 출간하고 있습니다.

•**제품명** 완쏠 개념연산 중등수학 1-2
•**제조자명** 메가스터디㈜ •**제조년월** 판권에 별도 표기 •**제조국명** 대한민국 •**사용연령** 11세 이상
•**주소 및 전화번호** 서울시 서초구 효령로 304(서초동) 국제전자센터 24층 / 1661-5431

수학 기본기를 다지는
완쏠 개념연산은
이렇게 만들었습니다!

중등수학 **기초 학습**을 위한
필수 개념 선별

개념 적용 훈련이 가능한
기초·기본 문제 수록

연산 반복 연습으로
자연스럽게 이해하는
개념과 원리

완쏠

연산 문제에 **응용력**을 더한
학교 시험 맛보기 문제 수록

내신 기출문제로 구성한
실전 연습 문제 수록

이 책의 짜임새

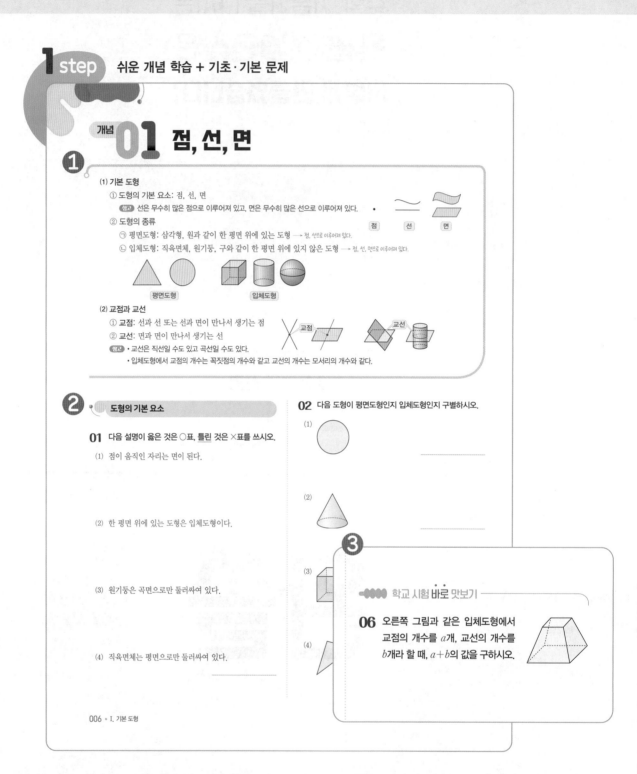

006 • I. 기본 도형

❶ 개념을 쉽게, 가볍게, 체계적으로 정리

❷ 개념 적용 반복 훈련이 가능한 연산 문제로 기초·기본 강화

❸ 연산 문제를 푼 후, 바로 학교 시험 문제를 가볍게 맛보기

2 step 내신 기출문제로 실전 연습

기본기 탄탄 문제 01~06 1
· 정답 및 해설 003쪽

2 1 다음 중 옳은 것을 모두 고르면? (정답 2개)

① 한 점을 지나는 직선은 오직 하나뿐이다.
② 원은 평면도형이고, 원기둥은 입체도형이다.
③ 시작점이 같은 두 반직선은 서로 같은 반직선이다.
④ 서로 다른 두 점을 지나는 직선은 오직 하나뿐이다.
⑤ 점 A에서 점 B에 이르는 가장 짧은 거리는 $\overleftrightarrow{AB}$이다.

2 오른쪽 그림은 정육면체에서 일부를 잘라 내고 남은 입체도형이다. 이 입체도형에서 교점과 교선의 개수를 각각 구하시오.

3 오른쪽 그림과 같이 어느 세 점도 한 직선 위에 있지 않은 네 점 A, B, C, D가 있다. 이 중에서 두 점을 지나는 서로 다른 반직 선의 개수를 구하시오.

A · D
· C
· B

4 오른쪽 그림에서 점 M은 $\overline{AB}$의 중점이고, 점 N은 $\overline{MB}$의 중점이다. 다음 중 옳지 않은 것은?

① $\overline{AM}=\frac{1}{2}\overline{AB}$ ② $\overline{BM}=2\overline{NB}$

③ $\overline{NB}=\frac{1}{3}\overline{AB}$ ④ $\overline{AB}=4\overline{MN}$

⑤ $\overline{AB}=\frac{4}{3}\overline{AN}$

5 오른쪽 그림에서 $\angle COD=\frac{1}{4}\angle AOD$, $\angle DOE=\frac{1}{4}\angle DOB$일 때, $\angle COE$의 크기를 구하시오.

6 오른쪽 그림에서 $\angle x$, $\angle y$의 크기 를 각각 구하시오.

7 오른쪽 그림에서 맞꼭지각은 모두 몇 쌍인가?

① 3쌍   ② 4쌍
③ 6쌍   ④ 8쌍
⑤ 10쌍

8 오른쪽 그림과 같은 직각삼각 형 ABC에서 점 A와 $\overline{BC}$ 사이 의 거리를 a cm, 점 B와 $\overline{AC}$ 사이의 거리를 b cm, 점 C와 $\overline{AB}$ 사이의 거리를 c cm라 할 때, $a-b+c$의 값을 구하시오.

❶ 1 step에서 다진 기본기를 더욱 탄탄하게 다지는 실전 연습

❷ 학교 시험에서 자주 출제되지만 어렵지 않은 기본적인 문제들로 실전 감각 UP! 자신감 UP!

이 책의 차례

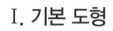

I. 기본 도형

1. 기본 도형

개념 01 점, 선, 면

(1) 기본 도형

① 도형의 기본 요소: 점, 선, 면

> **참고** 선은 무수히 많은 점으로 이루어져 있고, 면은 무수히 많은 선으로 이루어져 있다.

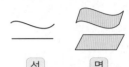

점　　선　　면

② 도형의 종류

㉠ 평면도형: 삼각형, 원과 같이 한 평면 위에 있는 도형 → 점, 선으로 이루어져 있다.

㉡ 입체도형: 직육면체, 원기둥, 구와 같이 한 평면 위에 있지 않은 도형 → 점, 선, 면으로 이루어져 있다.

평면도형

입체도형

(2) 교점과 교선

① **교점**: 선과 선 또는 선과 면이 만나서 생기는 점

② **교선**: 면과 면이 만나서 생기는 선

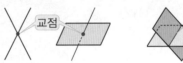 
교점　　　교선

> **참고** • 교선은 직선일 수도 있고 곡선일 수도 있다.
> • 입체도형에서 교점의 개수는 꼭짓점의 개수와 같고 교선의 개수는 모서리의 개수와 같다.

도형의 기본 요소

01 다음 설명이 옳은 것은 ○표, 틀린 것은 ×표를 쓰시오.

(1) 점이 움직인 자리는 면이 된다.

_____

(2) 한 평면 위에 있는 도형은 입체도형이다.

_____

(3) 원기둥은 곡면으로만 둘러싸여 있다.

_____

(4) 직육면체는 평면으로만 둘러싸여 있다.

_____

02 다음 도형이 평면도형인지 입체도형인지 구별하시오.

(1)

_____

(2)

_____

(3)

_____

(4)

_____

교점과 교선 구하기

03 오른쪽 입체도형에서 다음을
구하시오.

(1) 모서리 AB와 모서리 BE의 교점 _____

풀이 모서리 AB와 모서리 BE는 점 ☐ 에서 만난다.

(2) 모서리 AC와 면 BEFC의 교점 _____

(3) 면 ABC와 면 ADEB의 교선 _____

풀이 면 ABC와 면 ADEB는 선분 ☐ 에서 만난다.

(4) 면 ADFC와 면 BEFC의 교선 _____

04 오른쪽 입체도형에서 다음을
구하시오.

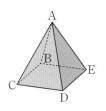

(1) 모서리 AC와 모서리 CD의 교점 _____

(2) 면 ADE와 면 BCDE의 교선 _____

교점과 교선의 개수 구하기

05 다음 도형에서 교점과 교선의 개수를 각각 구하시오.

(1)

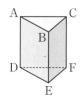

교점의 개수: _____

교선의 개수: _____

풀이 입체도형에서 교점의 개수는 ☐ 의 개수와 같고,
교선의 개수는 ☐ 의 개수와 같다.

(2)

교점의 개수: _____

교선의 개수: _____

(3)

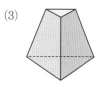

교점의 개수: _____

교선의 개수: _____

학교 시험 **바로** 맛보기

06 오른쪽 그림과 같은 입체도형에서
교점의 개수를 a개, 교선의 개수를
b개라 할 때, $a+b$의 값을 구하시오.

직선, 반직선, 선분

(1) 직선의 결정

한 점 A를 지나는 직선은 무수히 많지만 서로 다른 두 점 A, B를 지나는 직선은
오직 하나뿐이다.

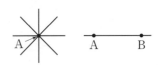

(2) 직선, 반직선, 선분

직선 AB($\overleftrightarrow{AB}$)	반직선 AB($\overrightarrow{AB}$)	선분 AB($\overline{AB}$)
$\overleftrightarrow{A \quad B}$	$\overrightarrow{A \quad B}$	$\overline{A \quad B}$
$\overleftrightarrow{AB}=\overleftrightarrow{BA}$	$\overrightarrow{AB}\neq\overrightarrow{BA}$	$\overline{AB}=\overline{BA}$

참고 서로 같은 반직선이 되려면 시작점과 방향이 모두 같아야 한다.

직선, 반직선, 선분

01 다음 기호를 그림으로 나타내시오.

(1) $\overleftrightarrow{AB}$
A · · · · B

(2) $\overline{AB}$
A · · · · B

(3) $\overrightarrow{BA}$
A · · · · B

(4) $\overrightarrow{AB}$
A · · · · B

02 다음 도형을 그림으로 나타내시오.

(1) 직선 PQ
P Q R

(2) 반직선 QP
P Q R

(3) 반직선 PR
P Q R

(4) 선분 PR
P Q R

03 다음 그림을 기호로 나타내시오.

(1) $\overleftrightarrow{M \quad N}$ _____

(2) $\overrightarrow{M \quad N}$ _____

(3) $\overleftarrow{M \quad N}$ _____

(4) $\overline{M \quad N}$ _____

04 아래 그림과 같이 직선 l 위에 네 점 A, B, C, D가 있다. 다음 □ 안에 = 또는 ≠를 쓰시오.

$$\overset{\bullet}{\underset{A}{}} \quad \overset{\bullet}{\underset{B}{}} \quad \overset{\bullet}{\underset{C}{}} \quad \overset{\bullet}{\underset{D}{}} \, l$$

(1) $\overline{AB}$ □ $\overrightarrow{AB}$

(2) $\overrightarrow{BC}$ □ $\overrightarrow{BD}$

(3) $\overleftarrow{CB}$ □ $\overrightarrow{CB}$

(4) $\overleftrightarrow{AB}$ □ $\overleftrightarrow{BA}$

(5) $\overrightarrow{BA}$ □ $\overrightarrow{BC}$

(6) $\overleftrightarrow{BC}$ □ $\overline{BC}$

(7) $\overline{AD}$ □ $\overline{DA}$

05 아래 그림과 같이 직선 l 위에 네 점 Q, R, S, T가 있다. 다음 기호와 같은 것을 |보기|에서 모두 고르시오.

$$\overset{\bullet}{\underset{Q}{}} \quad \overset{\bullet}{\underset{R}{}} \quad \overset{\bullet}{\underset{S}{}} \quad \overset{\bullet}{\underset{T}{}} \, l$$

보기
$\overrightarrow{QR}$ $\overrightarrow{QS}$ $\overrightarrow{RS}$ $\overrightarrow{RT}$
$\overrightarrow{TS}$ $\overrightarrow{RQ}$ $\overleftrightarrow{TR}$ $\overleftarrow{SR}$

(1) $\overrightarrow{QT}$ _____

(2) $\overleftrightarrow{TS}$ _____

(3) $\overline{RT}$ _____

(4) $\overrightarrow{TR}$ _____

⬤⬤⬤⬤⬤ 학교 시험 바로 맛보기

06 오른쪽 그림과 같이 직선 l 위에 세 점 A, B, C가 있을 때, 다음 중 옳지 않은 것은?

$$\overset{\bullet}{\underset{A}{}} \quad \overset{\bullet}{\underset{B}{}} \quad \overset{\bullet}{\underset{C}{}} \, l$$

① $\overleftrightarrow{AC} = \overleftrightarrow{CA}$ ② $\overrightarrow{AB} = \overrightarrow{AC}$

③ $\overleftrightarrow{AB} = \overrightarrow{BC}$ ④ $\overline{AB} = \overline{BA}$

⑤ $\overrightarrow{CA} = \overrightarrow{BA}$

두 점 사이의 거리 / 선분의 중점

(1) **두 점 A, B 사이의 거리**: 서로 다른 두 점 A, B를 잇는 선 중에서 길이가 가장 짧은 선인 선분 AB의 길이

    참고 $\overline{AB}$는 선분을 나타내기도 하고 그 선분의 길이를 나타내기도 한다.

(2) **선분 AB의 중점**: 선분 AB 위에 있는 점으로 선분 AB의 길이를 이등분하는 점 M

  ➡ $\overline{AM} = \overline{BM} = \dfrac{1}{2}\overline{AB}$, $\overline{AB} = 2\overline{AM} = 2\overline{BM}$

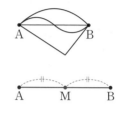

두 점 사이의 거리 구하기

01 아래 그림에서 다음을 구하시오.

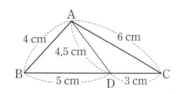

(1) 두 점 A, B 사이의 거리

    _____

    풀이 두 점 A, B 사이의 거리는 선분 ☐ 의 길이와 같으므로 ☐ cm이다.

(2) 두 점 A, C 사이의 거리

    _____

(3) 두 점 A, D 사이의 거리

    _____

(4) 두 점 B, D 사이의 거리

    _____

(5) 두 점 B, C 사이의 거리

    _____

02 오른쪽 그림에서 다음을 구하시오.

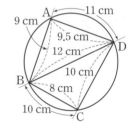

(1) 두 점 B, C 사이의 거리

    _____

(2) 두 점 A, D 사이의 거리

    _____

중점을 이용하여 두 점 사이의 거리 구하기

03 다음 그림에서 점 M이 선분 AB의 중점일 때, ☐ 안에 알맞은 수를 쓰시오.

(1)

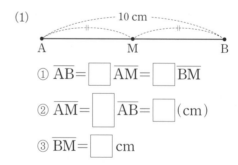

① $\overline{AB} = ☐\ \overline{AM} = ☐\ \overline{BM}$

② $\overline{AM} = ☐\ \overline{AB} = ☐$ (cm)

③ $\overline{BM} = ☐$ cm

(2)

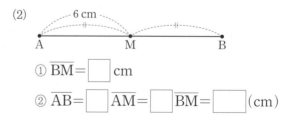

① $\overline{BM} = ☐$ cm

② $\overline{AB} = ☐\ \overline{AM} = ☐\ \overline{BM} = ☐$ (cm)

04 다음 그림에서 두 점 M, N이 선분 AB의 삼등분점일 때, □ 안에 알맞은 수를 쓰시오.

(1)

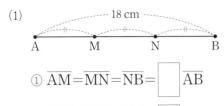

① $\overline{AM}=\overline{MN}=\overline{NB}=\boxed{}\,\overline{AB}$

② $\overline{AM}=\overline{MN}=\overline{NB}=\boxed{}\,$ cm

③ $\overline{AN}=\boxed{}\,\overline{AM}=\boxed{}\,$ (cm)

(2)

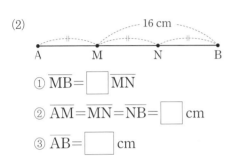

① $\overline{MB}=\boxed{}\,\overline{MN}$

② $\overline{AM}=\overline{MN}=\overline{NB}=\boxed{}\,$ cm

③ $\overline{AB}=\boxed{}\,$ cm

05 아래 그림에서 점 M은 선분 AB의 중점이고, 점 N은 선분 AM의 중점이다. $\overline{AB}=32$ cm일 때, 다음을 구하시오.

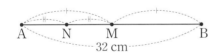

(1) $\overline{AM}$의 길이

(2) $\overline{AN}$의 길이

(3) $\overline{NB}$의 길이

06 아래 그림에서 두 점 M, N은 각각 $\overline{AB}$, $\overline{MB}$의 중점이다. $\overline{MN}=6$ cm일 때, 다음을 구하시오.

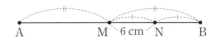

(1) $\overline{NB}$의 길이

(2) $\overline{AM}$의 길이

(3) $\overline{AB}$의 길이

(4) $\overline{AN}$의 길이

학교 시험 **바로** 맛보기

07 다음 그림에서 $\overline{AC}=2\overline{AM}$, $\overline{CB}=2\overline{CN}$이고 $\overline{MN}=8$ cm일 때, $\overline{AB}$의 길이는?

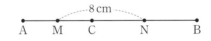

① 12 cm   ② 13 cm   ③ 14 cm

④ 15 cm   ⑤ 16 cm

개념 04 각

(1) **각 AOB**: 한 점 O에서 시작하는 두 반직선 OA, OB로 이루어진 도형
➡ ∠AOB, ∠BOA, ∠O, ∠a로 나타낼 수 있다.

각의 꼭짓점을 반드시 가운데 쓴다.

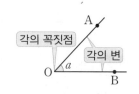

(2) **각의 크기에 따른 분류**

평각	직각	예각	둔각
∠AOB=180°	∠AOB=90°	0°< ∠AOB< 90°	90°< ∠AOB< 180°

각의 분류

01 아래 그림을 보고 다음 각을 평각, 직각, 예각, 둔각으로 분류하시오.

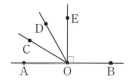

(1) ∠AOD

_____

(2) ∠AOE

_____

(3) ∠AOB

_____

(4) ∠AOC

_____

(5) ∠BOC

_____

02 다음 각을 평각, 직각, 예각, 둔각으로 분류하시오.

(1) 35°

_____

(2) 98°

_____

(3) 160°

_____

(4) 60°

_____

(5) 90°

_____

(6) 180°

_____

각의 크기 구하기

03 다음 그림에서 ∠x의 크기를 구하시오.

(1)

풀이 ∠65° + ∠x = ☐°이므로 ∠x = ☐°

(2)

(3)

(4)

(5)

풀이 2∠x + 140° = 180°이므로

2∠x = ☐°   ∴ ∠x = ☐°

(6)

04 다음 그림에서 ∠x의 크기를 구하시오.

(1)

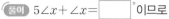

풀이 5∠x + ∠x = ☐°이므로

☐∠x = ☐°   ∴ ∠x = ☐°

(2)

(3)

(4)

◆◆◆◆◆ 학교 시험 **바로** 맛보기 ◆◆◆◆◆

05 다음 그림에서 ∠x : ∠y : ∠z = 2 : 3 : 4일 때, ∠x의 크기를 구하시오.

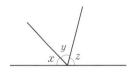

두 직선이 한 점에서 만날 때 생기는 네 각을 **교각**이라 하고, 교각 중에서 서로 마주 보는 두 각을
맞꼭지각이라 한다.

(1) 교각: $\angle a$, $\angle b$, $\angle c$, $\angle d$

(2) 맞꼭지각: $\angle a$와 $\angle c$, $\angle b$와 $\angle d$

(3) 맞꼭지각의 성질: 맞꼭지각의 크기는 서로 같다.

➡ $\angle a = \angle c$, $\angle b = \angle d$

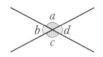

맞꼭지각

01 아래 그림에서 다음 각의 맞꼭지각을 기호로 나타내시오.

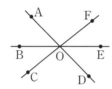

(1) $\angle AOB$

_____

(2) $\angle COD$

_____

(3) $\angle BOD$

_____

(4) $\angle EOC$

_____

(5) $\angle DOF$

_____

맞꼭지각의 크기 구하기

02 아래 그림에서 다음 각의 크기를 구하시오.

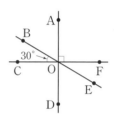

(1) $\angle EOF$

_____

풀이 $\angle EOF = \angle BOC = \boxed{}°$

(2) $\angle DOC$

_____

(3) $\angle DOE$

_____

(4) $\angle AOE$

_____

(5) $\angle EOC$

_____

맞꼭지각을 이용하여 각의 크기 구하기

03 다음 그림에서 ∠x의 크기를 구하시오.

(1)

> **풀이** $2\angle x =$ ⬜°이므로 ∠$x =$ ⬜°

(2)

(3)
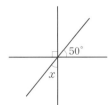

(4)
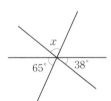

(5)
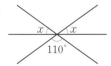

04 다음 그림에서 ∠x의 크기를 구하시오.

(1)
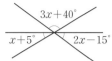

> **풀이** (⬜) $+ (3\angle x + 40°) + (2\angle x - 15°) = 180°$
> 이므로 ⬜$\angle x =$ ⬜° ∴ ∠$x =$ ⬜°

(2)
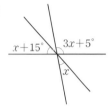

(3)
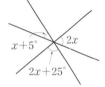

(4)
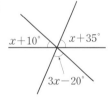

(5)
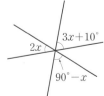

05 다음 그림에서 $\angle x$, $\angle y$의 크기를 각각 구하시오.

(1)

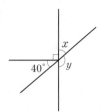

_____

풀이 $90°+40°+\angle x=\boxed{}°$ $\therefore \angle x=\boxed{}°$

$\angle y=40°+\boxed{}°=\boxed{}°$

(2)

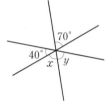

_____

(3)

2x
y ↖ 28°

_____

(4)

60° / x−10°
2y

_____

(5)

2x−8°
5y / 45°
80°

_____

06 다음 그림에서 $\angle x+\angle y$의 값을 구하시오.

(1)

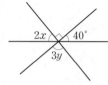

_____

(2)

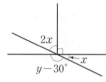

_____

(3)

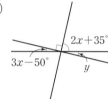

_____

학교 시험 **바로** 맛보기

07 오른쪽 그림에서 $\angle x+2\angle y$의 값을 구하시오.

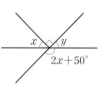

개념 06 수직과 수선

(1) 두 직선 AB와 CD의 교각이 직각일 때, 이 두 직선은 서로 **직교**한다고 하고, 기호로 $\overleftrightarrow{AB} \perp \overleftrightarrow{CD}$로 나타낸다.

(2) 두 직선이 서로 직교할 때, 두 직선은 서로 수직이라 하고, 한 직선을 다른 직선의 수선이라 한다.

(3) 선분 AB의 중점 M을 지나고 선분 AB에 수직인 직선 CD를 선분 AB의 **수직이등분선**이라 한다.

→ $\overline{AM} = \overline{BM} = \dfrac{1}{2}\overline{AB}$

(4) **수선의 발**: 직선 l 위에 있지 않은 점 P에서 직선 l에 수선을 그어 생기는 교점 H

(5) **점 P와 직선 l 사이의 거리**: 점 P에서 직선 l에 내린 수선의 발 H까지의 거리 즉, $\overline{PH}$의 길이

참고 선분 PH는 점 P와 직선 l 위의 점을 잇는 선분 중에서 길이가 가장 짧다.

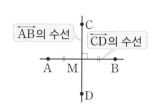

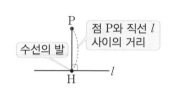

· 정답 및 해설 002쪽

직교, 수직, 수선

01 다음 그림에서 ∠AOC=90°일 때, □ 안에 알맞은 것을 쓰시오.

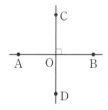

(1) $\overleftrightarrow{AB}$와 $\overleftrightarrow{CD}$의 교각은 ☐ 이다.

(2) $\overleftrightarrow{AB}$와 $\overleftrightarrow{CD}$는 ☐ 한다.

(3) $\overleftrightarrow{AB} \perp \overleftrightarrow{CD}$이므로 $\overleftrightarrow{AB}$는 $\overleftrightarrow{CD}$의 ☐ 이다.

(4) $\overleftrightarrow{CD}$의 수선은 ☐ 이다.

수직이등분선

02 아래 그림에서 ∠CMB=90°이고 $\overline{AM}=\overline{BM}$, $\overline{AB}=10\,cm$일 때, 다음 중 옳은 것은 ○표, 틀린 것은 ×표를 쓰시오.

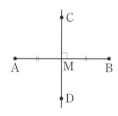

(1) 점 M은 $\overline{AB}$의 중점이다.

(2) 점 M은 $\overleftrightarrow{CD}$의 중점이다.

(3) $\overleftrightarrow{AB}$는 $\overleftrightarrow{CD}$의 수직이등분선이다.

(4) $\overline{AM}=5\,cm$이다.

1. 기본 도형 • 017

수선의 발 / 점과 직선 사이의 거리

03 아래 그림을 보고 다음 물음에 답하시오.

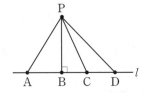

(1) 선분 AD와 선분 PB의 관계를 기호로 나타내시오.

_____

(2) 점 P에서 직선 *l*에 내린 수선의 발을 구하시오.

_____

(3) 점 P와 직선 *l* 사이의 거리를 나타내는 선분을 구하시오.

_____

04 아래 그림에서 다음을 구하시오.

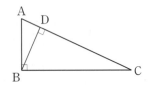

(1) 점 A에서 $\overline{BC}$에 내린 수선의 발

_____

(2) 점 B에서 $\overline{AC}$에 내린 수선의 발

_____

(3) 점 C에서 $\overline{AB}$에 내린 수선의 발

_____

05 아래 그림에서 다음을 구하시오.

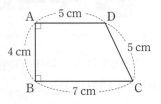

(1) 점 D에서 $\overline{AB}$에 내린 수선의 발

_____

(2) 점 B와 $\overline{AD}$ 사이의 거리

_____

풀이 점 B와 $\overline{AD}$ 사이의 거리는 $\overline{AB}=\boxed{}$ cm

(3) 점 D와 $\overline{AB}$ 사이의 거리

_____

06 아래 그림에서 다음을 구하시오.

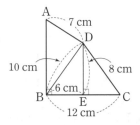

(1) 점 D와 $\overline{BC}$ 사이의 거리

_____

(2) 점 B와 $\overline{DE}$ 사이의 거리

_____

(3) 점 D와 $\overline{AB}$ 사이의 거리

_____

07 아래 그림과 같은 직육면체에서 다음을 구하시오.

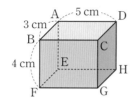

(1) 점 A에서 $\overline{EF}$에 내린 수선의 발

_____

(2) 점 D와 $\overline{GH}$ 사이의 거리

_____

(3) 점 E와 $\overline{BF}$ 사이의 거리

_____

(4) 점 H와 $\overline{AE}$ 사이의 거리

_____

08 아래 그림과 같은 삼각기둥에서 다음을 구하시오.

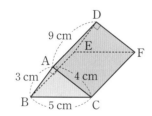

(1) 점 A에서 $\overline{DF}$에 내린 수선의 발

_____

(2) 점 B에서 $\overline{AC}$에 내린 수선의 발

_____

(3) 점 C와 $\overline{AD}$ 사이의 거리

_____

(4) 점 D와 $\overline{AB}$ 사이의 거리

_____

(5) 점 E와 $\overline{DF}$ 사이의 거리

_____

학교 시험 **바로** 맛보기

09 오른쪽 그림에 대한 설명으로 옳은 것을 다음 |보기|에서 모두 고른 것은?

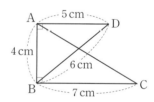

| 보기 |

ㄱ. 점 A와 $\overline{BC}$ 사이의 거리는 4 cm이다.
ㄴ. $\overleftrightarrow{AB}$는 $\overleftrightarrow{AD}$의 수선이다.
ㄷ. 점 C에서 $\overline{AB}$에 내린 수선의 발은 점 B이다.
ㄹ. 점 D와 $\overline{BC}$ 사이의 거리는 5 cm이다.

① ㄱ, ㄴ　　② ㄱ, ㄷ　　③ ㄴ, ㄷ
④ ㄱ, ㄴ, ㄷ　　⑤ ㄴ, ㄷ, ㄹ

기본기 탄탄 문제 개념 01~06

1 다음 중 옳은 것을 모두 고르면? (정답 2개)

① 한 점을 지나는 직선은 오직 하나뿐이다.

② 원은 평면도형이고, 원기둥은 입체도형이다.

③ 시작점이 같은 두 반직선은 서로 같은 반직선이다.

④ 서로 다른 두 점을 지나는 직선은 오직 하나뿐이다.

⑤ 점 A에서 점 B에 이르는 가장 짧은 거리는 $\overleftrightarrow{AB}$이다.

2 오른쪽 그림은 정육면체에서 일부를 잘라 내고 남은 입체도형이다. 이 입체도형에서 교점과 교선의 개수를 각각 구하시오.

3 오른쪽 그림과 같이 어느 세 점도 한 직선 위에 있지 않은 네 점 A, B, C, D가 있다. 이 중에서 두 점을 지나는 서로 다른 반직 선의 개수를 구하시오.

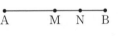

4 오른쪽 그림에서 점 M은 $\overline{AB}$의 중점이고, 점 N은 $\overline{MB}$의 중점 이다. 다음 중 옳지 <u>않은</u> 것은?

① $\overline{AM}=\dfrac{1}{2}\overline{AB}$ ② $\overline{BM}=2\overline{NB}$

③ $\overline{NB}=\dfrac{1}{3}\overline{AB}$ ④ $\overline{AB}=4\overline{MN}$

⑤ $\overline{AB}=\dfrac{4}{3}\overline{AN}$

5 오른쪽 그림에서 $\angle COD=\dfrac{1}{4}\angle AOD$, $\angle DOE=\dfrac{1}{4}\angle DOB$일 때, $\angle COE$의 크기를 구하시오.

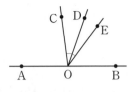

6 오른쪽 그림에서 $\angle x$, $\angle y$의 크기 를 각각 구하시오.

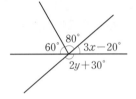

7 오른쪽 그림에서 맞꼭지각은 모두 몇 쌍인가?

① 3쌍   ② 4쌍

③ 6쌍   ④ 8쌍

⑤ 10쌍

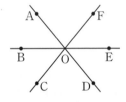

8 오른쪽 그림과 같은 직각삼각 형 ABC에서 점 A와 $\overline{BC}$ 사이 의 거리를 a cm, 점 B와 $\overline{AC}$ 사이의 거리를 b cm, 점 C와 $\overline{AB}$ 사이의 거리를 c cm라 할 때, $a-b+c$의 값을 구하시오.

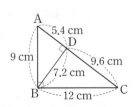

개념 07 점과 직선, 점과 평면의 위치 관계

(1) 점과 직선의 위치 관계

  ① 점 A가 직선 l 위에 있다. ➡ 직선 l이 점 A를 지난다.

  ② 점 B가 직선 l 위에 있지 않다. ➡ 직선 l이 점 B를 지나지 않는다.

(2) 점과 평면의 위치 관계

  ① 점 A가 평면 P 위에 있다. ➡ 평면 P가 점 A를 포함한다.

  ② 점 B가 평면 P 위에 있지 않다. ➡ 평면 P가 점 B를 포함하지 않는다.

• 정답 및 해설 003쪽

점과 직선의 위치 관계

01 아래 그림에서 다음을 모두 구하시오.

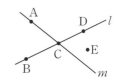

(1) 직선 l 위에 있는 점

_____

(2) 직선 l 위에 있지 않은 점

_____

(3) 직선 m 위에 있는 점

_____

(4) 두 직선 l, m 위에 동시에 있는 점

_____

(5) 두 직선 l, m 중 어느 직선 위에도 있지 않은 점

_____

점과 평면의 위치 관계

02 오른쪽 그림과 같은 직육면체에서 다음을 모두 구하시오.

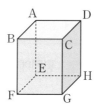

(1) 모서리 BC 위에 있는 꼭짓점

_____

(2) 면 EFGH 위에 있지 않은 꼭짓점

_____

----◆◆◆◆◆ 학교 시험 **바로** 맛보기 ----------

03 오른쪽 그림과 같이 평면 P 위에 직선 l이 있을 때, 다음 중 옳지 **않은** 것을 모두 고르면?

(정답 2개)

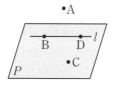

① 직선 l은 점 C를 지난다.

② 점 l 밖에 있는 점은 2개이다.

③ 점 D는 직선 l 위에 있다.

④ 점 A는 평면 P 위에 있지 않다.

⑤ 평면 P 위에 있는 점은 2개이다.

개념 08 평면에서 두 직선의 위치 관계

(1) 한 평면 위의 두 직선 l, m이 서로 만나지 않을 때, 두 직선 l, m은 서로 평행하다고 한다. ➡ $l /\!/ m$

(2) 평면에서 두 직선의 위치 관계

한 점에서 만난다.	일치한다.	평행하다.
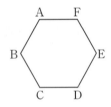		
→ 교점이 1개이다.	→ 교점이 무수히 많다.	→ 교점이 없다. (만나지 않는다.)

참고 평면이 하나로 정해지는 경우는 다음과 같다.

① 한 직선 위에 있지 않은 서로 다른 세 점이 주어질 때	② 한 직선과 그 직선 밖의 한 점이 주어질 때	③ 한 점에서 만나는 두 직선이 주어질 때	④ 평행한 두 직선이 주어질 때

---

*정답 및 해설 003쪽

평면에서 두 직선의 위치 관계

01 아래 그림과 같은 정육각형을 보고 옳은 것에는 ○표, 틀린 것에는 ×표를 쓰시오.

(1) 직선 BC와 직선 AF는 한 점에서 만난다.

_____

(2) 직선 AB와 직선 ED는 만나지 않는다.

_____

(3) 변 EF와 변 BC는 한 점에서 만난다.

_____

(4) 직선 AF와 직선 CD는 평행하다.

_____

(5) 변 CD와 만나는 변은 변 BC, 변 DE이다.

_____

02 오른쪽 그림과 같은 오각형을 보고 옳은 것에는 ○표, 틀린 것에는 ×표를 쓰시오.

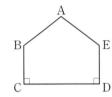

(1) $\overline{BC} /\!/ \overline{ED}$ _____

(2) $\overline{CD} \perp \overline{DE}$ _____

(3) $\overline{AB} \perp \overline{AE}$ _____

⟞⟞⟞⟞⟞ 학교 시험 바로 맛보기 ⟞⟞⟞⟞⟞

03 오른쪽 그림과 같은 사다리꼴 ABCD에 대한 설명으로 다음 중 옳은 것은?

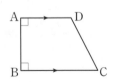

① $\overleftrightarrow{BC}$와 $\overleftrightarrow{CD}$는 일치한다.
② $\overleftrightarrow{AB}$와 $\overleftrightarrow{CD}$는 만나지 않는다.
③ $\overleftrightarrow{AB}$와 $\overleftrightarrow{BC}$의 교점은 점 C이다.
④ $\overleftrightarrow{AD}$와 $\overleftrightarrow{BC}$는 평행하다.
⑤ 점 D에서 $\overleftrightarrow{BC}$에 내린 수선의 발은 점 C이다.

공간에서 두 직선의 위치 관계

(1) **꼬인 위치**: 공간에서 두 직선이 만나지도 않고 평행하지도 않은 상태

(2) **공간에서 두 직선의 위치 관계**

한 점에서 만난다.	일치한다.	평행하다.	꼬인 위치에 있다.
		$l \parallel m$	
만난다.		만나지 않는다.	

• 정답 및 해설 004쪽

공간에서 두 직선의 위치 관계

01 다음 그림과 같은 직육면체에서 색칠한 두 모서리의 위치 관계를 |보기|에서 고르시오.

┌ 보기 ┤
ㄱ. 한 점에서 만난다.　ㄴ. 일치한다.
ㄷ. 평행하다.　　　　ㄹ. 꼬인 위치에 있다.
└─────────────

(1)
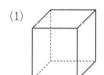
_____

(2)

_____

(3)

_____

02 아래 그림과 같은 삼각기둥에서 다음을 모두 구하시오.

(1) 모서리 AC와 한 점에서 만나는 모서리

_____

(2) 모서리 BE와 평행한 모서리

_____

(3) 모서리 DF와 한 점에서 만나는 모서리

_____

(4) 모서리 AB와 꼬인 위치에 있는 모서리

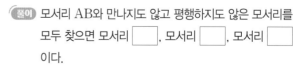

_____

풀이 모서리 AB와 만나지도 않고 평행하지도 않은 모서리를 모두 찾으면 모서리 ☐, 모서리 ☐, 모서리 ☐ 이다.

03 아래 그림과 같은 삼각뿔에서 다음을 구하시오.

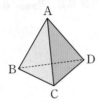

(1) 모서리 AB와 꼬인 위치에 있는 모서리

_____

(2) 모서리 BD와 꼬인 위치에 있는 모서리

_____

(3) 모서리 AD와 꼬인 위치에 있는 모서리

_____

04 아래 그림과 같은 직육면체에서 다음을 모두 구하시오.

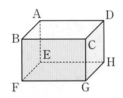

(1) 모서리 AD와 평행한 모서리

_____

(2) 모서리 BF와 꼬인 위치에 있는 모서리

_____

(3) 모서리 CD와 꼬인 위치에 있는 모서리

_____

05 아래 그림과 같은 오각기둥에서 다음을 모두 구하시오.

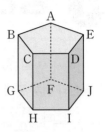

(1) 모서리 AB와 평행한 모서리

_____

(2) 모서리 CH와 수직인 모서리

_____

(3) 모서리 IJ와 한 점에서 만나는 모서리

_____

(4) 모서리 CD와 꼬인 위치에 있는 모서리

_____

_____

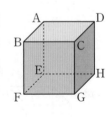

학교 시험 **바로** 맛보기

06 오른쪽 그림의 직육면체에서 모서리 AB와 평행한 모서리의 개수를 a개, 꼬인 위치에 있는 모서리의 개수를 b개라 할 때, ab의 값을 구하시오.

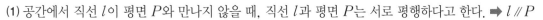

개념 10 공간에서 직선과 평면의 위치 관계

(1) 공간에서 직선 l이 평면 P와 만나지 않을 때, 직선 l과 평면 P는 서로 평행하다고 한다. ➡ $l /\!/ P$

(2) 공간에서 직선과 평면의 위치 관계

한 점에서 만난다.	직선이 평면에 포함된다.	평행하다.

(3) **직선과 평면의 수직**

직선 l이 평면 P와 한 점 H에서 만나고 점 H를 지나는 평면 P 위의 모든 직선과 수직일 때, 직선 l과 평면 P는 수직이라 한다. ➡ $l \perp P$

· 정답 및 해설 004쪽

공간에서 직선이 평면에 포함되는 경우

01 아래 그림과 같은 직육면체에서 다음 모서리를 포함하는 면을 모두 구하시오.

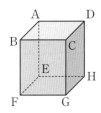

(1) 모서리 BC

면 ABCD, 면 ☐

(2) 모서리 AE

_____

(3) 모서리 EF

_____

(4) 모서리 CG

_____

공간에서 직선과 평면이 한 점에서 만나는 경우

02 아래 그림과 같은 사각기둥에서 다음을 모두 구하시오.

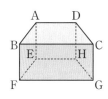

(1) 모서리 BF와 한 점에서 만나는 평면

면 ABCD, 면 ☐

(2) 모서리 AD와 한 점에서 만나는 평면

_____

(3) 면 AEHD와 한 점에서 만나는 모서리

_____

(4) 면 DHGC와 한 점에서 만나는 모서리

_____

공간에서 직선과 평면의 위치 관계

03 아래 그림과 같은 삼각기둥에서 다음을 모두 구하시오.

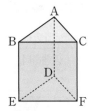

(1) 모서리 AD와 평행한 면

_____

(2) 면 ADFC와 평행한 모서리

_____

(3) 면 DEF와 수직인 모서리

_____

04 아래 그림과 같이 직육면체를 잘라 만든 입체도형에서 다음을 모두 구하시오. (단, $\overline{AD} = \overline{BC}$)

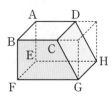

(1) 모서리 GH와 수직인 면

_____

(2) 모서리 CD와 평행한 면

_____

(3) 면 EFGH와 수직인 모서리

_____

05 아래 그림과 같이 정육면체를 세 꼭짓점 B, F, C를 지나는 평면으로 잘라 만든 입체도형에서 다음을 모두 구하시오.

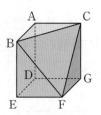

(1) 모서리 BF와 평행한 면

_____

(2) 모서리 AB와 수직인 면

_____

(3) 면 ABC와 평행한 모서리

_____

●●●● 학교 시험 바로 맛보기

06 오른쪽 그림과 같이 밑면이 정오각형인 오각기둥에 대한 설명으로 다음 중 옳지 <u>않은</u> 것은?

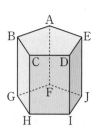

① 면 ABCDE와 평행한 모서리의 개수는 5개이다.

② 면 CHID와 모서리 AF는 평행하다.

③ 모서리 BC와 꼬인 위치에 있는 모서리의 개수는 6개이다.

④ 면 BGHC와 평행한 모서리의 개수는 3개이다.

⑤ 모서리 AB를 포함하는 면의 개수는 2개이다.

개념 11 공간에서 두 평면의 위치 관계

(1) 공간에서 두 평면 P, Q가 만나지 않을 때, 두 평면 P, Q는 서로 평행하다고 한다. ➡ $P/\!/Q$

(2) 공간에서 두 평면의 위치 관계

한 직선에서 만난다.	일치한다.	평행하다.
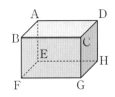 교선	P, Q ➡ $P=Q$	P Q ➡ 만나지 않는다. $(P/\!/Q)$

(3) 두 평면의 수직

평면 P가 평면 Q에 수직인 직선 l을 포함할 때, 평면 P와 평면 Q는 서로 수직이다 또는 서로 직교한다고 한다.

➡ $P \perp Q$

• 정답 및 해설 004쪽

공간에서 두 평면의 위치 관계

01 아래 그림과 같은 직육면체에서 다음을 구하시오.

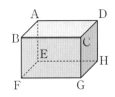

(1) 면 ABCD와 한 모서리에서 만나는 면의 개수

_____

(2) 면 ABFE와 평행한 면

_____

(3) 면 AEHD와 수직인 면의 개수

_____

(4) 면 EFGH와 면 AEHD의 교선

_____

02 아래 그림과 같은 정육각기둥에서 다음을 구하시오.

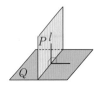

(1) 면 BHIC와 평행한 면

_____

(2) 면 GHIJKL과 수직인 면의 개수

_____

⬤⬤⬤⬤ 학교 시험 바로 맛보기 ─────

03 오른쪽 그림과 같은 직육면체에서 다음 중 면 BFHD와 수직인 면을 모두 고르면? (정답 2개)

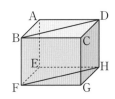

① 면 ABCD ② 면 ABFE
③ 면 AEHD ④ 면 EFGH
⑤ 면 CGHD

기본기 탄탄 문제 개념 07 ~ 11

1 오른쪽 그림에 대한 설명으로 다음 중 옳지 <u>않은</u> 것은?

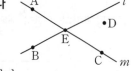

① 점 A는 직선 m 위에 있다.
② 점 B는 직선 m 위에 있지 않다.
③ 직선 l은 점 D를 지나지 않는다.
④ 점 D는 직선 m 위에 있다.
⑤ 점 E는 두 직선 l, m의 교점이다.

2 오른쪽 그림과 같은 정육각형의 각 변을 연장한 직선 중에서 $\overleftrightarrow{AB}$와 한 점에서 만나는 직선의 개수를 a개, $\overleftrightarrow{AB}$와 평행한 직선의 개수를 b개라 할 때, $a-b$의 값을 구하시오.

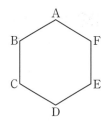

3 오른쪽 그림의 직육면체에서 대각선 AG와 꼬인 위치에 있는 모서리의 개수를 구하시오.

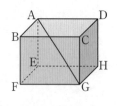

4 오른쪽 그림의 삼각기둥에 대한 설명으로 다음 중 옳은 것은?

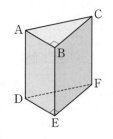

① 모서리 BE는 면 ABC와 두 점에서 만난다.
② 면 ADEB와 수직인 모서리의 개수는 4개이다.
③ 면 ABC와 모서리 DF는 꼬인 위치에 있다.
④ 면 ABC와 평행한 모서리의 개수는 3개이다.
⑤ 면 DEF와 수직인 모서리들은 서로 평행하지 않다.

5 오른쪽 그림과 같은 직육면체에서 점 A와 면 EFGH 사이의 거리를 a cm, 점 C와 면 ABFE 사이의 거리를 b cm라 할 때, $a+b$의 값을 구하시오.

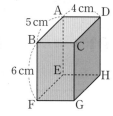

6 오른쪽 그림과 같이 밑면이 정육각형인 육각기둥에서 서로 평행한 두 면은 모두 몇 쌍인지 구하시오.

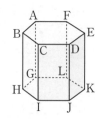

개념 12 동위각과 엇각

한 평면 위에서 서로 다른 두 직선 l, m이 다른 한 직선 n과 만나서 생기는 8개의 각 중에서

(1) 동위각: 서로 같은 위치에 있는 각

➡ $\angle a$와 $\angle e$, $\angle b$와 $\angle f$, $\angle c$와 $\angle g$, $\angle d$와 $\angle h$

주의 동위각은 그 위치가 같을 뿐 크기가 항상 같은 것은 아니다.

(2) 엇각: 서로 엇갈린 위치에 있는 각

➡ $\angle b$와 $\angle h$, $\angle c$와 $\angle e$

주의 엇각은 안쪽의 엇갈린 위치에 있는 각이므로 $\angle a$와 $\angle h$, $\angle b$와 $\angle g$, $\angle c$와 $\angle f$, $\angle d$와 $\angle e$는 엇각이 아니다.

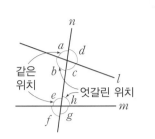

• 정답 및 해설 005쪽

동위각과 엇각 찾기

01 아래 그림과 같이 두 직선 l, m이 직선 n과 만나서 생기는 각에 대한 설명 중 옳은 것에는 ○표, 틀린 것에는 ✕표를 쓰시오.

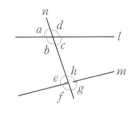

(1) $\angle a$의 동위각은 $\angle f$이다.

_____

(2) $\angle b$의 엇각은 $\angle h$이다.

_____

(3) $\angle c$와 $\angle h$는 동위각이다.

_____

(4) $\angle c$와 $\angle e$는 엇각이다.

_____

02 아래 그림과 같이 세 직선이 만날 때, 다음 설명 중 옳은 것에는 ○표, 틀린 것에는 ✕표를 쓰시오

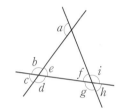

(1) $\angle f$와 $\angle h$의 크기는 서로 같다.

_____

(2) $\angle e$와 $\angle h$는 엇각이다.

_____

(3) $\angle a$의 동위각은 $\angle c$와 $\angle f$이다.

_____

(4) $\angle g$의 엇각은 $\angle b$이다.

_____

(5) $\angle d$와 $\angle h$는 동위각이다.

_____

동위각과 엇각의 크기 구하기

03 아래 그림을 보고 다음을 구하시오.

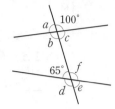

(1) ∠a의 동위각의 크기

_____

(2) ∠e의 동위각의 크기

_____

(3) ∠f의 엇각의 크기

_____

04 아래 그림을 보고 다음을 구하시오.

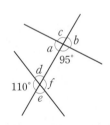

(1) ∠a의 엇각의 크기

_____

(2) ∠c의 동위각의 크기

_____

(3) ∠d의 엇각의 크기

_____

05 아래 그림을 보고 다음을 모두 구하시오.

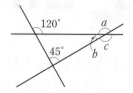

(1) ∠a의 동위각의 크기

☐° , ☐°

(2) ∠a의 엇각의 크기

_____

(3) ∠b의 동위각의 크기

_____

(4) ∠c의 엇각의 크기

_____

➤➤➤➤➤ 학교 시험 바로 맛보기

06 오른쪽 그림에서 ∠x의 엇각을 ∠a, ∠y의 동위각을 ∠b라 할 때, ∠b−∠a의 값을 구하시오.

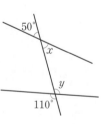

개념 13 평행선의 성질

평행한 두 직선 l, m이 다른 한 직선 n과 만날 때
(1) 동위각의 크기는 서로 같다. ➡ $l /\!/ m$이면 $\angle a = \angle c$
(2) 엇각의 크기는 서로 같다. ➡ $l /\!/ m$이면 $\angle b = \angle c$

참고 • $l /\!/ m$일 때
　　　$\angle a$와 $\angle b$는 맞꼭지각이므로 $\angle a = \angle b$ ⋯ ㉠
　　　동위각의 크기는 서로 같으므로 $\angle a = \angle c$ ⋯ ㉡
　　　따라서 ㉠, ㉡에서 $\angle b = \angle c$
　　• $l /\!/ m$이면 $\angle b + \angle d = 180°$

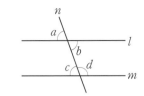

• 정답 및 해설 005쪽

평행선에서 동위각과 엇각의 크기 구하기 (1)

01 다음 그림에서 $l /\!/ m$일 때, $\angle x$의 크기를 구하시오.

(1)
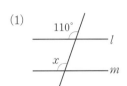

_____

(2)
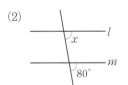

_____

(3)
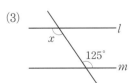

_____

(4)
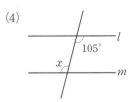

_____

02 아래 그림에서 $l /\!/ m$일 때, 다음 각의 크기를 구하시오.

(1) $\angle a$

_____

(2) $\angle b$

_____

(3) $\angle c$

_____

(4) $\angle d$

_____

평행선에서 동위각과 엇각의 크기 구하기(2)

03 다음 그림에서 $l/\!\!/m$일 때, $\angle x$, $\angle y$의 크기를 각각 구하시오.

(1)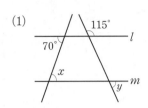

$$\angle x=\boxed{}°,\ \angle y=\boxed{}°$$

(2)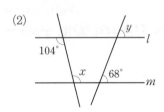

(3)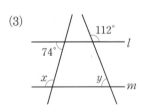

(4)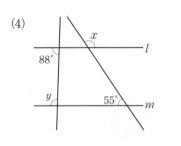

(5)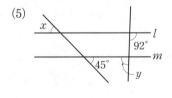

04 다음 그림에서 $l/\!\!/m$일 때, $\angle x$의 크기를 구하시오.

(1)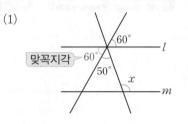

 $\angle x=\boxed{}°+50°=\boxed{}°$

(2)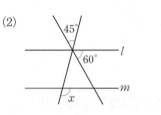

(3)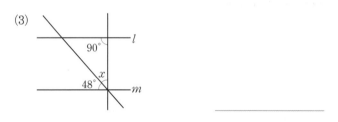

학교 시험 바로 맛보기

05 오른쪽 그림에서 $l/\!\!/m$, $p/\!\!/q$일 때, $\angle x$, $\angle y$의 크기를 각각 구하시오.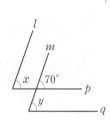

개념 14 평행선이 되기 위한 조건

서로 다른 두 직선 l, m이 다른 한 직선 n과 만날 때
(1) 동위각의 크기가 같으면 두 직선 l, m은 평행하다. ➡ $\angle a = \angle c$이면 $l /\!/ m$
(2) 엇각의 크기가 같으면 두 직선 l, m은 평행하다. ➡ $\angle b = \angle c$이면 $l /\!/ m$
참고 $\angle b + \angle d = 180°$이면 $l /\!/ m$이다.

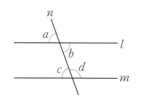

• 정답 및 해설 005쪽

평행 알아보기

01 다음 그림에서 두 직선 l, m이 서로 평행하면 ○표, 평행하지 않으면 ×표를 쓰시오.

(1)

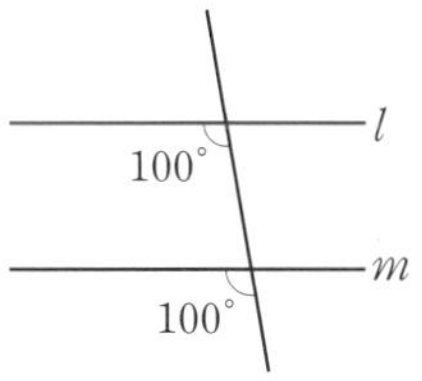

$100°$ ─── l
$100°$ ─── m

풀이 동위각의 크기가 (같으므로 , 다르므로)
두 직선 l과 m은 (평행하다 , 평행하지 않다).

(2)

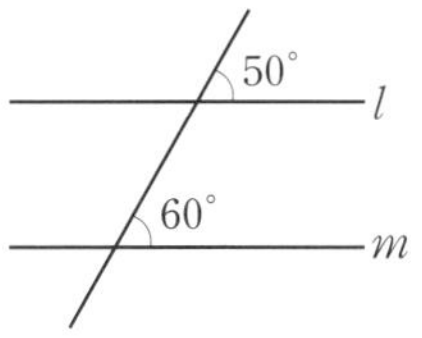

$50°$ ── l
$60°$ ── m

(3)

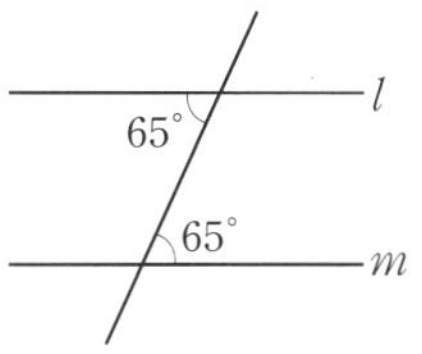

$65°$ ── l
$65°$ ── m

(4)

$45°$ ── l
$135°$ ── m

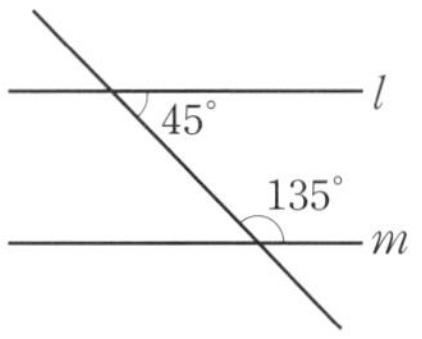

평행한 두 직선 알아보기

02 다음 그림에서 평행한 두 직선을 찾아 기호로 나타내시오.

(1)

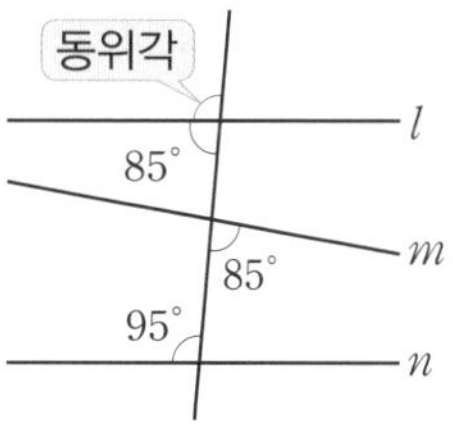

동위각
$85°$ ─── l
$85°$ ─── m
$95°$ ─── n

$l /\!/ \boxed{}$

풀이 l과 n의 동위각의 크기가 $\boxed{}$°로 같으므로
평행한 두 직선은 l과 $\boxed{}$이다.

(2)

l m n
$80°$ $98°$ $100°$

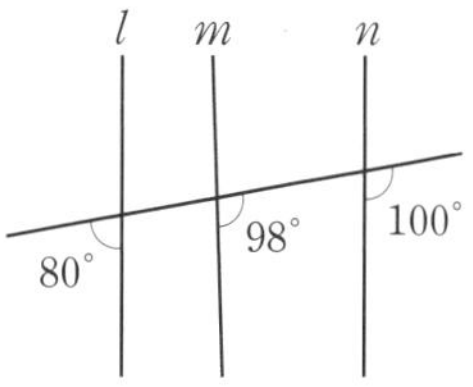

학교 시험 바로 맛보기

03 오른쪽 그림에 대한 다음 설명 중 옳지 않은 것은?

① $\angle a = \angle e$이면 $l /\!/ m$
② $\angle b = \angle h$이면 $l /\!/ m$
③ $\angle c = \angle a$이면 $l /\!/ m$
④ $l /\!/ m$이면 $\angle d = \angle f$
⑤ $l /\!/ m$이면 $\angle b + \angle g = 180°$

평행선에서 각의 크기 구하기(1)

(1) 평행선에서 보조선을 1개 긋는 경우

평행선 사이에 꺾인 점이 1개 있을 때는 꺾인 점을 지나면서 평행선에 평행한 직선을 1개 긋는다.

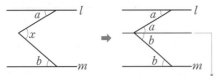

$$\therefore \angle x = \angle a + \angle b$$

꺾인 점을 지나면서
l과 m에 평행한 보조선 긋기

(2) 평행선에서 보조선을 2개 긋는 경우

평행선 사이에 꺾인 점이 2개 있을 때는 꺾인 점을 지나면서 평행선에 평행한 직선을 2개 긋는다.

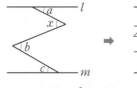 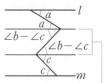

$$\therefore \angle x = \angle a + \angle b - \angle c$$

꺾인 점을 지나면서
l과 m에 평행한 보조선 긋기

보조선을 1개 그어 각의 크기 구하기

01 다음 그림에서 $l /\!/ m$일 때, $\angle x$의 크기를 구하시오.

(1)

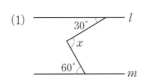

 꺾인 점을 지나면서 두 직선 l과 m에 평행한 직선을 그으면

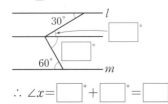

$$\therefore \angle x = \boxed{}^\circ + \boxed{}^\circ = \boxed{}^\circ$$

(2)

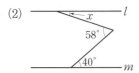

(3)

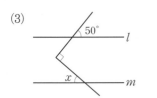

(4)

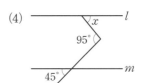

(5)

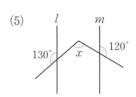

(6)

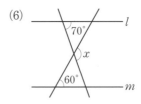

(7)

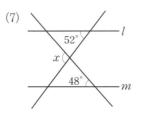

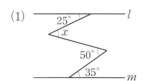

보조선을 2개 그어 각의 크기 구하기

02 다음 그림에서 $l /\!/ m$일 때, $\angle x$의 크기를 구하시오.

(1)

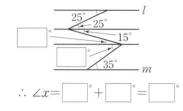

> **풀이** 꺾인 점을 지나면서 두 직선 l과 m에 평행한 직선을
> 그으면
>
>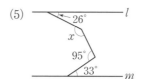
>
> $\therefore \angle x = \boxed{}^\circ + \boxed{}^\circ = \boxed{}^\circ$

(2)

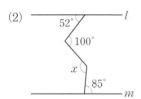

(3)

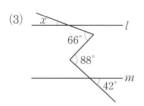

(4)

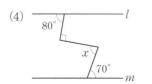

(5)

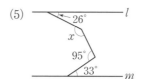

(6)

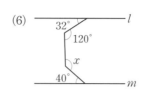

(7)

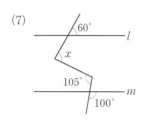

(8)

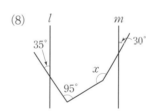

◀●●●● 학교 시험 **바로** 맛보기 ─

03 오른쪽 그림에서 $l /\!/ m$일 때, $\angle x$의 크기는?

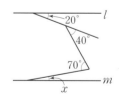

① $10\degree$ ② $12\degree$

③ $15\degree$ ④ $20\degree$

⑤ $23\degree$

개념 16 평행선에서 각의 크기 구하기 (2) 교과서 UP

(1) 삼각형 모양이 주어진 경우

평행선의 성질과 삼각형의 세 각의 크기의 합이 $180°$임을 이용하여 각의 크기를 구한다.

예 맞꼭지각의 크기는 서로 같고, 두 직선이 평행할 때 동위각의 크기는 같으므로

$\angle BAC = \angle a$, $\angle ACB = \angle b$

삼각형의 세 각의 크기의 합은 $180°$이므로

$\angle x + \angle a + \angle b = 180°$ ∴ $\angle x = 180° - (\angle a + \angle b)$

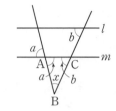

(2) 직사각형 모양의 종이를 접는 경우

오른쪽 그림과 같이 직사각형 모양의 종이를 접으면

$\angle DAB = \angle BAC$ (접은 각)

직사각형의 마주 보는 변은 평행하므로 $\angle DAB = \angle ABC$ (엇각)

∴ $\angle DAB = \angle BAC = \angle ABC$

➡ $\angle BAC = \angle ABC$이므로 $\triangle ABC$는 $\overline{AC} = \overline{BC}$인 이등변삼각형이 된다.

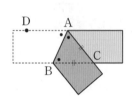

평행선의 성질을 이용하여 각의 크기 구하기

01 다음 그림에서 $l /\!/ m$일 때, $\angle x$의 크기를 구하시오.

(1)

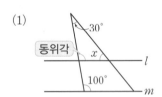

풀이 삼각형의 세 각의 크기의 합은 ☐°이므로

$\angle x = 180° - (30° + ☐°) = ☐°$

(2)

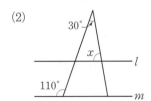

(3)

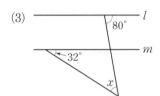

(4)

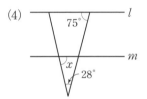

(5)

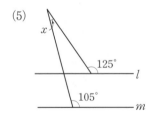

직사각형 모양의 종이를 접는 경우 ⟨교과서UP⟩

02 다음 그림과 같이 직사각형 모양의 종이를 접었을 때, ∠x의 크기를 구하시오.

(1)

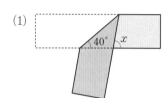

────────────

풀이 엇각의 크기는 같고, 접은 각의 크기도 같으므로

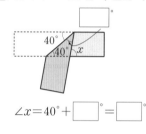

∠x=40°+☐°=☐°

(2)

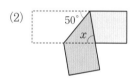

────────────

(3)

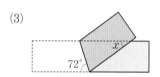

────────────

(4)

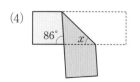

────────────

(5)

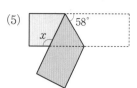

────────────

(6)

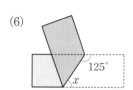

────────────

(7)

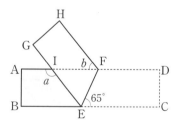

────────────

●─●●●● 학교 시험 **바로** 맛보기 ─────────────

03 다음 그림은 직사각형 모양의 종이테이프를 $\overline{EF}$를 접는 선으로 하여 접은 것이다. ∠a−∠b의 값을 구하시오.

기본기 탄탄 문제

1 오른쪽 그림에서 $l /\!/ m$일 때, $\angle x$, $\angle y$의 크기를 각각 구하면?

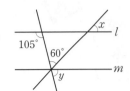

① $\angle x=45°$, $\angle y=65°$

② $\angle x=45°$, $\angle y=75°$

③ $\angle x=55°$, $\angle y=70°$

④ $\angle x=60°$, $\angle y=65°$

⑤ $\angle x=65°$, $\angle y=70°$

2 오른쪽 그림에서 $l /\!/ m$일 때, $\angle \mathrm{BCD}$의 크기를 구하시오.

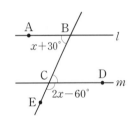

3 다음 중 두 직선 l, m이 서로 평행하지 않은 것은?

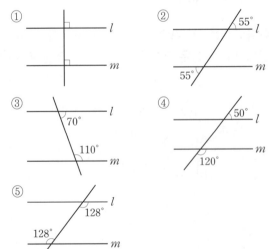

4 오른쪽 그림에서 $l /\!/ m$일 때, $\angle x + \angle y$의 값을 구하시오.

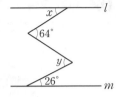

5 오른쪽 그림에서 $l /\!/ m$이고 사각형 ABCD가 정사각형일 때, $\angle x$의 크기를 구하시오.

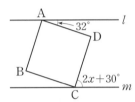

6 오른쪽 그림에서 $l /\!/ m$일 때, $\angle x$의 크기를 구하시오.

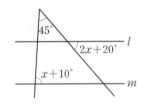

2. 작도와 합동

개념 17 작도

(1) **작도**: 눈금 없는 자와 컴퍼스만을 사용하여 도형을 그리는 것

① **눈금 없는 자**: 두 점을 연결하여 선분을 그리거나 선분을 연장하는 데 사용

② **컴퍼스**: 원을 그리거나 선분의 길이를 재어서 옮기는 데 사용

참고 작도에서 눈금 없는 자를 사용한다는 것은 자를 이용하여 길이를 재지 않는다는 것을 의미한다.

(2) **길이가 같은 선분의 작도**: 선분 AB와 길이가 같은 선분 PQ를 작도하는 방법은 다음과 같다.

❶ 자로 직선을 긋고, 그 위에 점 P를 잡는다.

❷ 컴퍼스로 $\overline{AB}$의 길이를 잰다.

❸ 점 P를 중심으로 하고 반지름의 길이가 $\overline{AB}$인 원을 그려 직선과의 교점을 Q라 하면 $\overline{PQ}=\overline{AB}$이다.

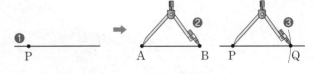

(3) **크기가 같은 각의 작도**: ∠XOY와 크기가 같고 $\overrightarrow{PQ}$를 한 변으로 하는 각을 작도하는 방법은 다음과 같다.

❶ 점 O를 중심으로 원을 그려 $\overrightarrow{OX}$, $\overrightarrow{OY}$와의 교점을 각각 A, B라 한다.

❷ 점 P를 중심으로 하고 반지름의 길이가 $\overline{OA}$인 원을 그려 $\overrightarrow{PQ}$와의 교점을 C라 한다.

❸ 점 B를 중심으로 $\overline{AB}$의 길이를 반지름으로 하는 원을 그린다.

❹ 점 C를 중심으로 $\overline{AB}$의 길이를 반지름으로 하는 원을 그려 ❷에서 그린 원과의 교점을 D라 한다.

❺ 두 점 P, D를 잇는 $\overrightarrow{PD}$를 그으면 ∠DPC는 ∠XOY와 크기가 같다.

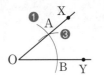

작도 도구

01 다음을 모두 구하시오.

(1) 작도할 때 사용하는 도구

_____

(2) 직선을 긋거나 선분을 연장할 때 사용하는 도구

_____

(3) 주어진 선분의 길이를 다른 직선 위로 옮길 때 사용하는 도구

_____

길이가 같은 선분의 작도

02 오른쪽 $\overline{AB}$와 길이가 같은 $\overline{PQ}$를 작도하시오.

03 다음 그림과 같이 두 점 A, B를 지나는 직선 l 위에 $\overline{BC}=2\overline{AB}$인 점 C를 작도하려고 한다. 필요한 작도 도구를 구하시오.

크기가 같은 각의 작도

04 아래 그림은 ∠XOY와 크기가 같은 각을 작도하는 과정이다. 다음 물음에 답하시오.

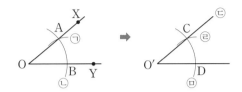

(1) 다음 ☐ 안에 작도 순서대로 ㉠~㉤을 쓰시오.

☐ → ☐ → ☐ → ☐ → ☐

(2) 다음 ☐ 안에 알맞은 것을 쓰시오.

① $\overline{AB}=$ ☐

② ∠XOY − ∠ ☐

(3) $\overline{OA}$와 길이가 같은 선분을 모두 구하시오.

평행선의 작도

교과서UP

05 다음은 크기가 같은 각의 작도를 이용하여 직선 l 밖의 한 점 P를 지나면서 직선 l과 평행한 직선 PD를 작도하는 과정이다. ☐ 안에 알맞은 것을 쓰시오.

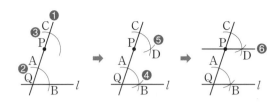

❶ 점 P를 지나는 직선을 그어 직선 l과의 교점을 ☐ 라 한다.

❷ 점 Q를 중심으로 하는 적당한 원을 그려 $\overleftrightarrow{PQ}$, 직선 l과의 교점을 각각 A, B라 한다.

❸ 점 P를 중심으로 $\overline{QA}$의 길이를 반지름으로 하는 원을 그려 $\overleftrightarrow{PQ}$와의 교점을 ☐ 라 한다.

❹ 컴퍼스를 사용하여 ☐ 의 길이를 잰다.

❺ 점 C를 중심으로 ☐ 의 길이를 반지름으로 하는 원을 그려 ❸의 원과의 교점을 ☐ 라 한다.

❻ 두 점 P, D를 잇는 $\overleftrightarrow{PD}$를 그으면 직선 l과 평행한 직선 PD가 작도된다.

🔵🔵🔵🔵 학교 시험 **바로** 맛보기

06 아래 그림은 ∠XOY와 크기가 같은 각을 반직선 PQ를 한 변으로 하여 작도한 것이다. 다음 중 옳지 <u>않은</u> 것은?

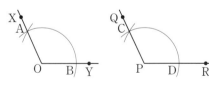

① $\overline{AB}=\overline{CD}$　　② $\overline{OB}=\overline{PD}$

③ $\overline{OA}=\overline{OB}$　　④ $\overline{PC}=\overline{CD}$

⑤ ∠XOY=∠CPD

개념 18 삼각형 ABC

(1) 삼각형

① 삼각형 ABC: 세 꼭짓점이 A, B, C인 삼각형　**기호** △ABC

② **대변**: 한 각과 마주 보는 변

　예 ∠A의 대변: $\overline{BC}$,　∠B의 대변: $\overline{AC}$,　∠C의 대변: $\overline{AB}$

③ **대각**: 한 변과 마주 보는 각

　예 $\overline{BC}$의 대각: ∠A,　$\overline{AC}$의 대각: ∠B,　$\overline{AB}$의 대각: ∠C

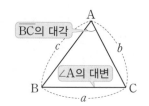

(2) 삼각형의 세 변의 길이 사이의 관계

삼각형의 한 변의 길이는 나머지 두 변의 길이의 합보다 작다.

참고 세 변의 길이가 주어졌을 때, 삼각형이 될 수 있는 조건
➡ (가장 긴 변의 길이)<(나머지 두 변의 길이의 합)

삼각형의 대변과 대각

01 오른쪽 그림의 △DEF에서 다음을 구하시오.

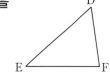

(1) ∠D의 대변

_____

(2) ∠E의 대변

_____

(3) ∠F의 대변

_____

(4) $\overline{DE}$의 대각

_____

(5) $\overline{EF}$의 대각

_____

02 아래 그림의 △ABC에서 다음을 구하시오.

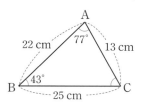

(1) ∠A의 대변의 길이

_____

(2) ∠C의 대변의 길이

_____

(3) $\overline{AB}$의 대각의 크기

_____

(4) $\overline{BC}$의 대각의 크기

_____

(5) $\overline{AC}$의 대각의 크기

_____

삼각형의 세 변의 길이 사이의 관계

03 다음과 같이 세 변의 길이가 주어질 때, 삼각형을 만들 수 있으면 ○표, 만들 수 <u>없으면</u> ×표를 쓰시오.

(1) 2, 3, 6

_____

> 풀이 $2+3$ ◯ 6이므로 삼각형을 만들 수
> (있다 , 없다).

(2) 3, 5, 4

_____

(3) 7, 7, 14

_____

(4) 8, 4, 8

_____

04 다음과 같이 삼각형의 세 변의 길이가 주어질 때, x의 값의 범위를 구하시오.

(1) 4, 6, x

_____

> 풀이 (i) 가장 긴 변의 길이가 x일 때
> $x < 4 + \boxed{}$ $\quad \therefore x < \boxed{}$
> (ii) 가장 긴 변의 길이가 6일 때
> $6 \bigcirc 4 + x$ $\quad \therefore x \bigcirc \boxed{}$
> 따라서 (i), (ii)에서 구하는 x의 값의 범위는
> $\boxed{} < x < \boxed{}$ 이다.

(2) 2, 4, x

_____

(3) 1, 7, x

_____

(4) 5, 9, x

_____

(5) 6, 10, x

_____

학교 시험 바로 맛보기

05 다음 중 삼각형의 세 변의 길이가 될 수 <u>없는</u> 것을 모두 고르면? (정답 2개)

① 2 cm, 4 cm, 6 cm ② 3 cm, 4 cm, 5 cm

③ 5 cm, 7 cm, 10 cm ④ 6 cm, 6 cm, 6 cm

⑤ 8 cm, 9 cm, 18 cm

개념 **19** 삼각형의 작도

(1) **세 변의 길이가 주어진 경우**

❶ 길이가 c인 $\overline{AB}$를 작도한다.

❷ 점 A를 중심으로 반지름의 길이가 b인 원과 점 B를 중심으로 반지름의 길이가 a인 원을 그려 그 교점을 C라 한다.

❸ 두 점 A와 C, 두 점 B와 C를 각각 잇는다.

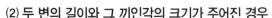

(2) **두 변의 길이와 그 끼인각의 크기가 주어진 경우**

❶ ∠A와 크기가 같은 ∠XAY를 작도한다.

❷ 점 A를 중심으로 반지름의 길이가 b, c인 원을 각각 그려 $\overrightarrow{AX}$, $\overrightarrow{AY}$와의 교점을 각각 C, B라 한다.

❸ 두 점 B, C를 잇는다.

(3) **한 변의 길이와 그 양 끝 각의 크기가 주어진 경우**

❶ 길이가 c인 $\overline{AB}$를 작도한다.

❷ ∠A와 크기가 같은 ∠XAB, ∠B와 크기가 같은 ∠YBA를 작도한다.

❸ $\overrightarrow{AX}$, $\overrightarrow{BY}$의 교점을 C라 한다.

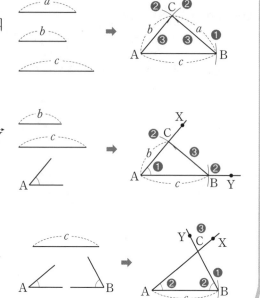

삼각형의 작도

01 다음은 세 변의 길이가 주어졌을 때, 삼각형을 작도하는 과정이다. ☐ 안에 알맞은 것을 쓰시오.

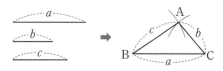

❶ 길이가 a인 선분 ☐를 작도한다.

❷ 점 B를 중심으로 하고 반지름의 길이가 ☐인 원을 그린다.

❸ 점 C를 중심으로 하고 반지름의 길이가 ☐인 원을 그려 ❷의 원과 만나는 점을 ☐라 한다.

❹ 선분 ☐, 선분 ☐를 각각 그린다.

02 다음은 두 변의 길이와 그 끼인각의 크기가 주어졌을 때, 삼각형을 작도하는 과정이다. ☐ 안에 알맞은 것을 쓰시오.

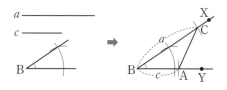

❶ ∠B와 크기가 같은 각 ∠☐를 작도한다.

❷ 점 B를 중심으로 반지름의 길이가 ☐인 원을 그려 $\overrightarrow{BX}$와의 교점을 ☐라 한다.

❸ 점 B를 중심으로 반지름의 길이가 ☐인 원을 그려 $\overrightarrow{BY}$와의 교점을 ☐라 한다.

❹ 선분 ☐를 그린다.

03 다음은 한 변의 길이와 양 끝 각의 크기가 주어졌을 때, 삼각형을 작도하는 과정이다. □ 안에 알맞은 것을 쓰시오.

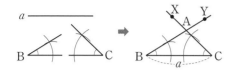

❶ 길이가 *a*인 선분 □ 를 작도한다.

❷ $\overline{BC}$를 한 변으로 하고 ∠B와 크기가 같은 ∠□, ∠C와 크기가 같은 ∠□ 를 작도한다.

❸ $\overrightarrow{BY}$, $\overrightarrow{CX}$의 교점을 □ 라 하면 △ABC가 작도된다.

04 다음과 같이 변의 길이와 각의 크기가 주어졌을 때, 오른쪽 그림과 같은 삼각형을 하나로 작도할 수 있으면 ○표, 하나로 작도할 수 없으면 ✕표를 쓰시오.

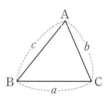

(1)
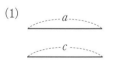

―――――――――

(2)

―――――――――

(3)
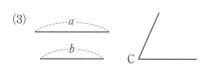

―――――――――

05 다음이 주어질 때, △ABC를 작도하시오.

(1)
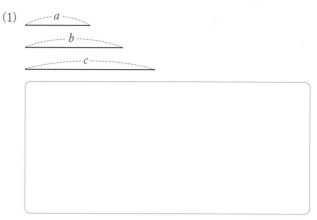

(2)
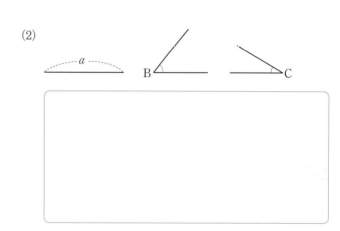

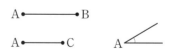 학교 시험 바로 맛보기

06 다음 그림과 같이 두 변의 길이와 그 끼인각의 크기가 주어졌을 때, △ABC를 작도하는 과정에서 가장 마지막에 하는 것은?

A●――――●B
A●――――●C   A∠

① ∠A를 작도한다.　　② ∠B를 작도한다.
③ $\overline{BC}$를 작도한다.　　④ $\overline{AB}$를 작도한다.
⑤ $\overline{AC}$를 작도한다.

개념 20 삼각형이 하나로 정해지는 경우

> **(1) 삼각형이 하나로 정해지는 경우**
>
>   ① 세 변의 길이가 주어진 경우   [예] a, b, c
>
>   ② 두 변의 길이와 그 끼인각의 크기가 주어진 경우
>
>   [예] a, c와 $\angle B$ 또는 a, b와 $\angle C$ 또는 b, c와 $\angle A$
>
>   ③ 한 변의 길이와 그 양 끝 각의 크기가 주어진 경우
>
>   [예] c와 $\angle A$, $\angle B$ 또는 a와 $\angle B$, $\angle C$ 또는 b와 $\angle A$, $\angle C$
>
> **(2) 삼각형이 하나로 정해지지 않는 경우**
>
>   ① 세 각의 크기가 주어진 경우
>
>   ② 두 변의 길이와 그 끼인각이 아닌 다른 한 각의 크기가 주어진 경우
>
>   ③ 세 변 중 두 변의 길이의 합이 나머지 한 변의 길이보다 작거나 같은 경우

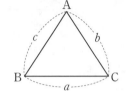

삼각형이 하나로 정해지는 경우

01 다음과 같은 조건이 주어질 때, △ABC가 하나로 정해지면 ○표, 하나로 정해지지 <u>않으면</u> ×표를 쓰시오.

  (1) $\overline{AB}=2\,\text{cm}$, $\overline{BC}=5\,\text{cm}$, $\overline{CA}=4\,\text{cm}$

                          _____

  (2) $\overline{BC}=8\,\text{cm}$, $\overline{AC}=6\,\text{cm}$, $\angle B=90°$

                          _____

  (3) $\overline{AB}=5\,\text{cm}$, $\angle A=45°$, $\angle B=75°$

                          _____

  (4) $\angle A=50°$, $\angle B=50°$, $\angle C=80°$

                          _____

02 오른쪽 그림과 같이 $\overline{AB}$의 길이가 주어졌을 때 △ABC를 작도하려고 한다. 다음 조건이 추가로 주어질 때, 삼각형을 하나로 작도할 수 있으면 ○표, 하나로 작도할 수 <u>없으면</u> ×표를 쓰시오.

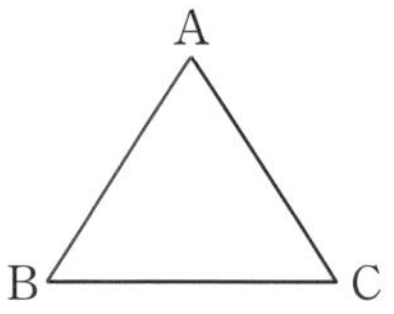

  (1) $\overline{AC}$와 $\overline{BC}$

                          _____

  (2) $\angle B$와 $\angle C$

                          _____

  (3) $\angle A$와 $\overline{BC}$

                          _____

  (4) $\angle B$와 $\overline{BC}$

                          _____

03 △ABC에서 ∠A=30°일 때, 삼각형이 하나로 정해지면 ○표, 하나로 정해지지 <u>않으면</u> ×표를 쓰시오.

(1) $\overline{AB}$=5 cm, $\overline{AC}$=7 cm

_____

(2) $\overline{AB}$=4 cm, ∠B=90°

_____

(3) ∠B=70°, ∠C=80°

_____

(4) $\overline{AC}$=7 cm, ∠C=100°

_____

(5) $\overline{AB}$=7.8 cm, $\overline{BC}$=8 cm

_____

삼각형이 하나로 정해지기 위해 필요한 조건

04 △ABC에서 $\overline{AB}$와 $\overline{BC}$의 길이가 주어질 때, 삼각형이 하나로 정해지기 위해 필요한 나머지 한 조건을 구하시오.

(1) 세 변의 길이가 주어질 때

_____

풀이 ☐의 길이를 알면 세 변의 길이가 주어지는 것이다.

(2) 두 변의 길이와 그 끼인각의 크기가 주어질 때

_____

05 △ABC에서 ∠A와 $\overline{AC}$의 길이가 주어질 때, 삼각형이 하나로 정해지기 위해 필요한 나머지 한 조건을 구하시오.

(1) 두 변의 길이와 그 끼인각의 크기가 주어질 때

_____

(2) 한 변의 길이와 그 양 끝 각의 크기가 주어질 때

_____

풀이 ∠☐ 또는 ∠☐의 크기를 알면 한 변의 길이와 그 양 끝 각의 크기가 주어지는 것이다.

━━◀◁◁◁◁ 학교 시험 **바로** 맛보기 ─────

06 $\overline{AB}$=7 cm, ∠B=70°일 때, △ABC가 하나로 정해지기 위해 필요한 나머지 한 조건을 다음 │보기│에서 모두 고른 것은?

┤ 보기 ├
ㄱ. ∠A=110° 　　ㄴ. ∠C=45°
ㄷ. $\overline{BC}$=6 cm 　　ㄹ. $\overline{CA}$=5 cm

① ㄴ 　　② ㄱ, ㄷ 　　③ ㄴ, ㄷ
④ ㄱ, ㄴ, ㄷ 　　⑤ ㄴ, ㄷ, ㄹ

개념 21 도형의 합동

(1) **합동**: 한 도형을 모양이나 크기를 바꾸지 않고 옮겨서 다른 도형에 완전히 포갤 수 있을 때, 두 도형을 서로 합동이라 하고, 기호 ≡로 나타낸다.

(2) **대응**: 합동인 두 도형에서 서로 포개어지는 꼭짓점과 꼭짓점, 변과 변, 각과 각을 서로 대응한다고 한다.

> **참고** 두 도형이 합동임을 기호로 나타낼 때는 두 도형의 꼭짓점을 대응하는 순서대로 쓴다.

(3) **합동인 도형의 성질**
  ① 대응변의 길이는 서로 같다.
  ② 대응각의 크기는 서로 같다.

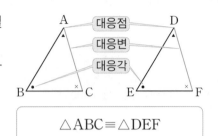

$$\triangle ABC \equiv \triangle DEF$$

도형의 합동

01 다음 설명이 옳은 것은 ○표, 틀린 것은 ✕표를 쓰시오.

(1) 모양이 같은 두 도형은 서로 합동이다.

_____

(2) 합동인 두 도형의 넓이는 같다.

_____

(3) 넓이가 같은 두 사각형은 서로 합동이다.

_____

(4) 반지름의 길이가 같은 두 원은 서로 합동이다.

_____

(5) 둘레의 길이가 같은 두 삼각형은 서로 합동이다.

_____

합동인 도형의 대응

02 아래 그림에서 사각형 ABCD와 사각형 EFGH가 서로 합동일 때, 다음을 구하시오.

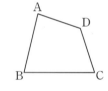 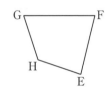

(1) 꼭짓점 A의 대응점

_____

(2) 변 BC의 대응변

_____

(3) ∠D의 대응각

_____

(4) ∠F의 대응각

_____

합동인 도형의 성질

03 아래 그림에서 △ABC≡△DEF일 때, 다음을 구하시오.

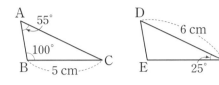

(1) 꼭짓점 B의 대응점

―――――――

(2) ∠C의 크기

―――――――

(3) ∠E의 크기

―――――――

(4) ∠D의 크기

―――――――

(5) $\overline{\text{EF}}$의 길이

―――――――

(6) $\overline{\text{AC}}$의 길이

―――――――

04 아래 그림에서 사각형 ABCD와 사각형 EFGH가 서로 합동일 때, 다음을 구하시오.

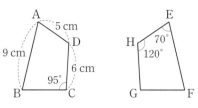

(1) ∠A의 크기

―――――――

(2) ∠B의 크기

―――――――

(3) $\overline{\text{EF}}$의 길이

―――――――

학교 시험 바로 맛보기

05 다음 그림에서 △ABC≡△FED일 때, $x+y$의 값을 구하시오.

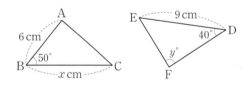

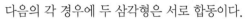

개념 22 삼각형의 합동 조건

다음의 각 경우에 두 삼각형은 서로 합동이다.
(1) 대응하는 세 변의 길이가 각각 같을 때 (SSS 합동)
  ➡ $\overline{AB}=\overline{DE}$, $\overline{BC}=\overline{EF}$, $\overline{CA}=\overline{FD}$

(2) 대응하는 두 변의 길이가 각각 같고, 그 끼인각의 크기가 같을 때 (SAS 합동)
  ➡ $\overline{AB}=\overline{DE}$, $\overline{BC}=\overline{EF}$, $\angle B=\angle E$

(3) 대응하는 한 변의 길이가 같고, 그 양 끝 각의 크기가 각각 같을 때 (ASA 합동)
  ➡ $\overline{BC}=\overline{EF}$, $\angle B=\angle E$, $\angle C=\angle F$

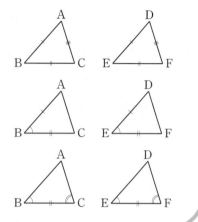

삼각형의 합동 조건

01 다음 두 삼각형이 합동일 때, 합동 조건을 말하시오.

(1)
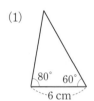 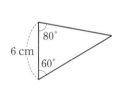

_____

> **풀이** 대응하는 한 변의 길이가 같고, 그 양 끝 각의 크기가
> 각각 같으므로 ☐ 합동이다.

(2)
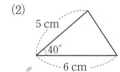

_____

(3)
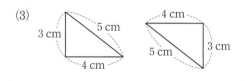

_____

합동인 삼각형 찾기

02 주어진 삼각형과 합동인 삼각형을 |보기|에서 고르시오.

(1)

_____

> |보기|
> ㄱ. 9 cm, 120°, 7 cm
> ㄴ. 5 cm, 7 cm, 40°, 20°
> ㄷ. 100°, 5 cm, 7 cm
> ㄹ. 5 cm, 120°, 6 cm

(2)
45°, 75°, 9 cm

_____

> |보기|
> ㄱ. 9 cm, 60°, 75°
> ㄴ. 9 cm, 60°, 45°
> ㄷ. 45°, 9 cm, 60°
> ㄹ. 9 cm, 80°, 45°

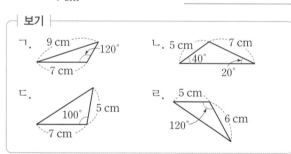

두 삼각형이 합동이기 위한 조건

03 다음 조건에서 △ABC와 △DEF가 합동이면 ○표, 합동이 아니면 ✕표를 쓰시오.

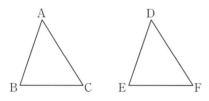

(1) $\overline{AB}=\overline{DE}$, $\overline{BC}=\overline{EF}$, ∠B=∠E

_____

(2) $\overline{AB}=\overline{DE}$, $\overline{BC}=\overline{EF}$, ∠A=∠D

_____

(3) $\overline{AB}=\overline{DE}$, $\overline{BC}=\overline{EF}$, $\overline{AC}=\overline{DF}$

_____

(4) $\overline{BC}=\overline{EF}$, $\overline{AC}=\overline{DF}$, ∠B=∠E

_____

(5) $\overline{AC}=\overline{DF}$, ∠A=∠D, ∠C=∠F

_____

04 다음 그림의 △ABC와 △DEF에서 $\overline{AB}=\overline{DE}$, $\overline{BC}=\overline{EF}$일 때, SSS 합동이 되기 위해 필요한 나머지 한 조건을 구하시오.

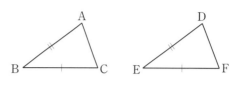

_____

05 다음 그림의 △ABC와 △DEF에서 $\overline{AB}=\overline{DE}$, ∠B=∠E일 때, SAS 합동이 되기 위해 필요한 나머지 한 조건을 구하시오.

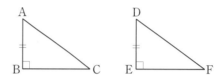

_____

학교 시험 **바로** 맛보기

06 아래 그림에서 $\overline{AB}=\overline{DE}$, ∠B=∠E일 때, 다음 중 △ABC≡△DEF가 되기 위해 더 필요한 조건이 아닌 것을 모두 고르면? (정답 2개)

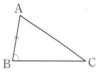

① $\overline{AC}=\overline{DF}$ ② $\overline{BC}=\overline{EF}$

③ ∠A=∠E   ④ ∠A=∠D

⑤ ∠C=∠F

기본기 탄탄 문제 개념 17 ~ 22

1 오른쪽 그림은 직선 *l* 위에 있지 않은 한 점 P를 지나고 직선 *l*에 평행한 직선을 작도하는 과정이다. 다음 중 옳지 <u>않은</u> 것은?

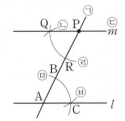

① $\overline{PR}=\overline{AB}$

② $\overline{QR}=\overline{AB}$

③ $\overline{PQ}=\overline{AC}$

④ $\angle QPR=\angle BAC$

⑤ 작도 순서는 ㉠→㉤→㉣→㉥→㉡→㉢이다.

2 삼각형의 세 변의 길이가 3 cm, 5 cm, *x* cm일 때, *x*의 값이 될 수 있는 자연수의 개수를 구하시오.

3 다음 중 오른쪽 그림의 삼각형과 서로 합동인 것은?

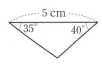

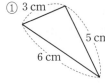 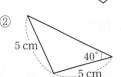

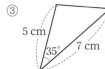 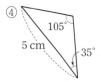

4 다음 중 △ABC가 하나로 정해지는 것은?

① $\overline{AB}=5\,cm$, $\overline{BC}=6\,cm$, $\angle A=50°$

② $\overline{AB}=4\,cm$, $\overline{AC}=6\,cm$, $\angle B=30°$

③ $\overline{AB}=5\,cm$, $\overline{BC}=9\,cm$, $\overline{CA}=4\,cm$

④ $\overline{AB}=6\,cm$, $\angle A=60$, $\angle B=70°$

⑤ $\angle A=30°$, $\angle B=50°$, $\angle C=100°$

5 오른쪽 그림에서 점 O가 $\overline{AC}$와 $\overline{BD}$의 중점일 때, 다음 중 옳지 <u>않은</u> 것은?

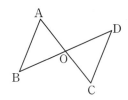

① $\overline{OA}=\overline{OC}$

② $\overline{OB}=\overline{OD}$

③ $\angle OAB=\angle ODC$

④ $\angle AOB=\angle COD$

⑤ $\triangle OAB\equiv\triangle OCD$

6 오른쪽 그림의 △ABC가 정삼각형이고 $\overline{BD}=\overline{CE}$일 때, △ABD≡△BCE임을 설명하는 과정이다. ①~⑤에 들어갈 것으로 옳지 <u>않은</u> 것은?

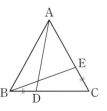

△ABD와 △BCE에서
$\overline{BD}=\boxed{①}$ 이고, △ABC는 정삼각형이므로
$\overline{AB}=\boxed{②}$, $\angle ABD=\boxed{③}=60°$
따라서 대응하는 두 변의 길이가 각각 같고, 그 끼인각의 크기가 같으므로
$\triangle ABD\equiv\boxed{④}\,(\boxed{⑤}$ 합동)

① $\overline{CE}$ ② $\overline{BC}$ ③ $\angle BEC$

④ △BCE   ⑤ SAS

3. 평면도형의 성질

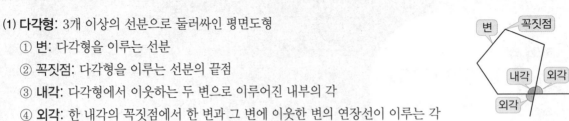

개념 23 다각형 / 정다각형

(1) **다각형**: 3개 이상의 선분으로 둘러싸인 평면도형

① **변**: 다각형을 이루는 선분

② **꼭짓점**: 다각형을 이루는 선분의 끝점

③ **내각**: 다각형에서 이웃하는 두 변으로 이루어진 내부의 각

④ **외각**: 한 내각의 꼭짓점에서 한 변과 그 변에 이웃한 변의 연장선이 이루는 각

> 참고 • 한 내각에 대한 외각은 두 개이지만 맞꼭지각이므로 그 크기는 서로 같다.
> 따라서 외각은 두 개 중 하나만 생각한다.
> • 다각형의 한 꼭짓점에서 (내각의 크기)+(외각의 크기)=180°이다.

(2) **정다각형**: 모든 변의 길이가 같고, 모든 내각의 크기가 같은 다각형

> 참고 변의 개수에 따라 정삼각형, 정사각형, 정오각형, ⋯, 정n각형이라 한다.

정삼각형   정사각형   정오각형

다각형

01 다음 도형 중 다각형인 것에는 ○표, 다각형이 아닌 것에는 ✕표를 쓰시오.

(1)

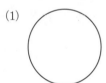

----

(2)

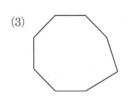

----

(3)

----

02 오른쪽 그림의 사각형 ABCD에서 다음에 해당하는 부분을 모두 찾으시오.

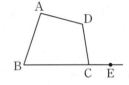

(1) 변

----

(2) 꼭짓점

----

(3) 내각

----

(4) ∠C의 외각

다각형의 내각과 외각

03 오른쪽 그림의 오각형 ABCDE에서 다음 각의 크기를 구하시오.

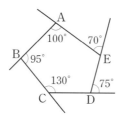

(1) ∠A의 내각

_____

(2) ∠A의 외각

_____

> **풀이** (한 내각의 크기)+(한 외각의 크기)=□°이므로
>
> 100°+(∠A의 외각)=□°이다.
>
> ∴ (∠A의 외각)=□°

(3) ∠D의 내각

_____

(4) ∠E의 외각

_____

정다각형

04 다음 |보기| 중 정다각형인 것을 모두 고르시오.

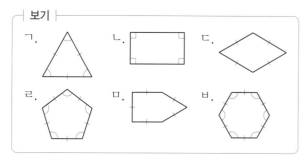

05 다음 설명 중 옳은 것은 ○표, 옳지 않은 것은 ✕표를 쓰시오.

(1) 모든 내각의 크기가 같으면 정다각형이다.

_____

(2) 정다각형은 모든 변의 길이가 같다.

_____

(3) 모든 변의 길이가 같으면 정다각형이다.

_____

(4) 세 변의 길이가 같은 삼각형은 정삼각형이다.

_____

(5) 네 변의 길이가 모두 같은 사각형은 정사각형이다.

_____

(6) 네 내각의 크기가 모두 같은 사각형은 정사각형이다.

_____

◀●●●● 학교 시험 **바로** 맛보기

06 다음 |조건|을 모두 만족시키는 다각형의 이름을 말하시오.

> | 조건 |
>
> (가) 8개의 선분으로 둘러싸여 있다.
>
> (나) 모든 변의 길이가 같다.
>
> (다) 모든 내각의 크기가 같다.

다각형의 대각선의 개수

(1) **대각선**: 다각형에서 이웃하지 않는 두 꼭짓점을 이은 선분

(2) **대각선의 개수**

① n각형의 한 꼭짓점에서 그을 수 있는 대각선의 개수 ➡ $(n-3)$개
　　└➤ 한 꼭짓점에서 자기 자신과 그와 이웃하는
　　　　두 꼭짓점으로는 대각선을 그을 수 없다.

꼭짓점의 개수 ←┐　┌➤ 한 꼭짓점에서 그을 수 있는 대각선의 개수

② n각형의 대각선의 개수 ➡ $\dfrac{n(n-3)}{2}$개
　　　　└➤ 한 대각선을 두 번씩 센 것이므로 2로 나눈다.

다각형의 대각선

01 다음 다각형의 한 꼭짓점에서 그을 수 있는 대각선의 개수를 구하시오.

(1) 사각형

_____

　　풀이 한 꼭짓점에서 그을 수 있는 대각선의 개수는

　　　　$\boxed{}-3=\boxed{}$(개)

(2) 오각형

_____

(3) 육각형

_____

(4) 팔각형

_____

(5) n각형

_____

02 다음 다각형의 이름을 말하시오.

(1) 한 꼭짓점에서 3개의 대각선을 그을 수 있는 다각형

_____

　　풀이 구하는 다각형을 n각형이라 하면

　　　　$n-\boxed{}=3$에서 $n=\boxed{}$

　　　　따라서 구하는 다각형은 $\boxed{}$이다.

(2) 한 꼭짓점에서 4개의 대각선을 그을 수 있는 다각형

_____

(3) 한 꼭짓점에서 6개의 대각선을 그을 수 있는 다각형

_____

(4) 한 꼭짓점에서 9개의 대각선을 그을 수 있는 다각형

_____

(5) 한 꼭짓점에서 14개의 대각선을 그을 수 있는 다각형

_____

대각선의 개수 구하기

03 다음 다각형의 대각선의 개수를 구하시오.

(1) 사각형

_____

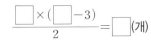 사각형의 대각선의 개수는

$$\frac{\boxed{} \times (\boxed{}-3)}{2}=\boxed{}\text{(개)}$$

(2) 육각형

_____

(3) 구각형

_____

(4) 한 꼭짓점에서 5개의 대각선을 그을 수 있는 다각형

_____

풀이 주어진 다각형을 n각형이라 하면

$n-3=5$에서 $n=\boxed{}$

따라서 $\boxed{}$의 대각선의 개수는

$$\frac{\boxed{} \times (\boxed{}-3)}{2}=\boxed{}\text{(개)}$$

(5) 한 꼭짓점에서 7개의 대각선을 그을 수 있는 다각형

_____

(6) 한 꼭짓점에서 10개의 대각선을 그을 수 있는 다각형

_____

대각선의 개수가 주어질 때, 다각형 구하기

04 대각선의 개수가 다음과 같은 다각형의 이름을 말하시오.

(1) 5개

_____

풀이 구하는 다각형을 n각형이라 하면

$$\frac{n \times (n-\boxed{})}{2}=5\text{에서}$$

$n \times (n-\boxed{})=10=\boxed{} \times 2 \qquad \therefore n=\boxed{}$

따라서 구하는 다각형은 $\boxed{}$이다.

(2) 14개

_____

(3) 90개

_____

━◦◦◦◦ 학교 시험 **바로** 맛보기 ━━━━━

05 십오각형의 한 꼭짓점에서 그을 수 있는 대각선의 개수를 a개, 십오각형의 대각선의 개수를 b개라 할 때, $a+b$의 값을 구하시오.

개념 **25** 삼각형의 세 내각의 크기의 합

삼각형의 세 내각의 크기의 합은 180°이다.

➡ ∠A+∠B+∠C=180°

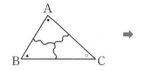 ➡

삼각형의 세 내각의 크기의 합

01 다음 그림에서 ∠x의 크기를 구하시오.

(1)

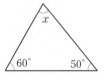

풀이 ∠x+60°+50°=□°

∴ ∠x=180°−(60°+50°)=□°

(2)

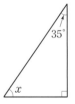

_____

(3)

_____

(4)

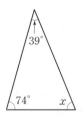

_____

(5)

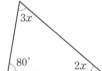

_____

(6)

_____

02 다음 △ABC에서 ∠x의 크기를 구하시오.

(1)

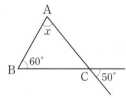

_____

풀이 ∠ACB=□°이므로

∠x=180°−(60°+□°)=□°

(2)

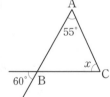

_____

(3)

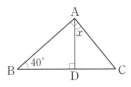

풀이 ∠BAD = 180° − (40° + 90°) = ☐ °이므로

∠x = 90° − ☐ ° = ☐ °

(4)

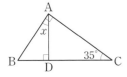

(5)

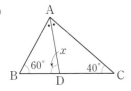

(2) 1 : 2 : 3

_____

(3) 2 : 3 : 5

_____

(4) 1 : 4 : 7

_____

(5) 3 : 5 : 10

_____

세 내각의 크기의 비가 주어진 경우

03 삼각형의 세 내각의 크기의 비가 다음과 같을 때, 가장 큰 내각의 크기를 구하시오.

(1) 1 : 3 : 5

_____

풀이 세 내각의 크기를 각각 ∠x, 3∠x, 5∠x라 하면

∠x + 3∠x + 5∠x = ☐ °

☐ ∠x = ☐ °   ∴ ∠x = ☐ °

따라서 가장 큰 내각의 크기는

5∠x = 5 × ☐ ° = ☐ °

학교 시험 바로 맛보기

04 오른쪽 그림에서 ∠x의 크기를 구하시오.

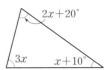

개념 26 삼각형의 내각과 외각의 관계

삼각형의 한 외각의 크기는 그와 이웃하지 않는 두 내각의 크기의 합과 같다.

참고 삼각형 ABC에서

$$\angle A + \angle B + \angle C = \bullet + \blacktriangle + \circ = 180°$$
$$\angle BCD = \angle ACB + \angle ACD = \circ + \angle ACD = 180°$$
$$\therefore \ \angle ACD = \bullet + \blacktriangle = \angle A + \angle B$$

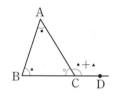

삼각형의 내각과 외각의 관계

01 다음 그림에서 $\angle x$의 크기를 구하시오.

(1)

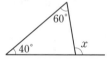

풀이 $\angle x = 40° + \boxed{}° = \boxed{}°$

(2)

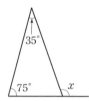

(3)

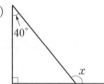

(4)

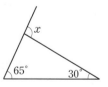

(5)

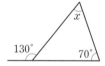

(6)

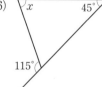

(7)

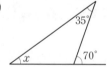

(8)

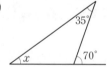

02 다음 그림에서 ∠x의 크기를 구하시오.

(1)

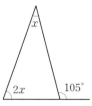

> **풀이** $2∠x+∠x=$ ☐ °, $3∠x=$ ☐ °
>
> ∴ ∠$x=$ ☐ °

(2)

(3)

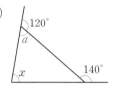

> **풀이** ∠$a=180°-120°=$ ☐ °이므로
>
> ☐ °$+∠x=140°$ ∴ ∠$x=$ ☐ °

03 다음 그림에서 ∠x, ∠y의 크기를 각각 구하시오.

(1)

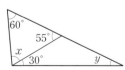

> **풀이** ∠$x=180°-(60°+55°)=$ ☐ °
>
> ∠$y+30°=55°$ ∴ ∠$y=$ ☐ °

(2)

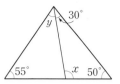

(3)

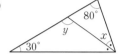

> **풀이** $2∠x=180°-(80°+30°)=$ ☐ °
>
> ∴ ∠$x=$ ☐ °
>
> ∠$y=∠x+80°=$ ☐ °$+80°=$ ☐ °

(4)

──●●●● 학교 시험 **바로** 맛보기 ────────

04 오른쪽 그림에서 ∠x의 크기를 구하시오.

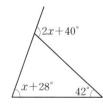

개념 27 삼각형의 내각과 외각의 응용 (교과서 UP)

(1)
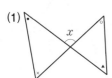

$$\angle x = \bullet + \times = \circ + \blacktriangle$$

└ 삼각형의 한 외각의 크기는 그와 이웃하지 않은 두 내각의 크기의 합과 같다.

(2)
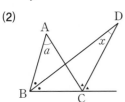

$\triangle$ABC에서 $\angle a + 2\bullet = 2\blacktriangle$ $\therefore \angle a = 2(\blacktriangle - \bullet)$

$\triangle$DBC에서 $\angle x + \bullet = \blacktriangle$ $\therefore \angle x = \blacktriangle - \bullet$

(3)
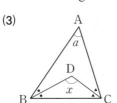

$\triangle$ABC에서 $\angle a + 2\bullet + 2\blacktriangle = 180°$

$\triangle$DBC에서 $\angle x + \bullet + \blacktriangle = 180°$ $\therefore \angle x = 180° - (\bullet + \blacktriangle)$

(4)
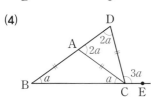

❶ $\triangle$ABC는 $\overline{AB} = \overline{AC}$인 이등변삼각형이므로 $\angle$ACB $= \angle$ABC $= \angle a$

❷ $\angle$DAC는 $\triangle$ABC의 한 외각이므로 $\angle$DAC $= \angle$ABC $+ \angle$ACB $= 2\angle a$

❸ $\triangle$CDA는 $\overline{CA} = \overline{CD}$인 이등변삼각형이므로 $\angle$CDA $= \angle$CAD $= 2\angle a$

❹ $\angle$DCE는 $\triangle$DBC의 한 외각이므로 $\angle$DCE $= \underset{\angle a}{\underline{\angle DBC}} + \underset{2\angle a}{\underline{\angle CDA}} = 3\angle a$

⋈ 모양의 도형에서 각의 크기 구하기

01 다음 그림에서 $\angle x$, $\angle y$의 크기를 각각 구하시오.

(1)
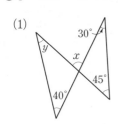

풀이) $\angle x = 30° + 45° = \boxed{}°$

$\angle y + 40° = \boxed{}°$ $\therefore \angle y = \boxed{}°$

(2)
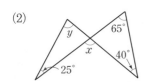

02 다음 그림에서 $\angle x$의 크기를 구하시오.

(1)
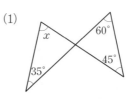

풀이) $\angle x + \boxed{}° = 60° + 45°$

$\therefore \angle x = \boxed{}°$

(2)
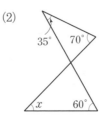

모양의 도형에서 각의 크기 구하기

03 다음 그림에서 $\angle x$의 크기를 구하시오.

(1)
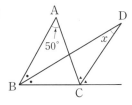

풀이 ❶ △ABC에서 $50°+2● =2▲$이므로

$50°=2▲-2●$ ∴ $▲-●=\boxed{}°$

❷ △DBC에서 $\angle x+●=▲$이므로

$\angle x=▲-●=\boxed{}°$

(2)
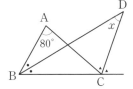

(3)
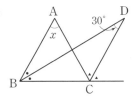

풀이 ❶ △DBC에서 $●+30°=▲$이므로

$▲-●=\boxed{}°$

❷ △ABC에서 $\angle x+2●=2▲$이므로

$\angle x=2▲-2●=2(▲-●)=\boxed{}°$

(4)
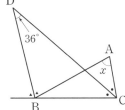

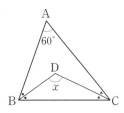 모양의 도형에서 각의 크기 구하기

04 다음 그림에서 $\angle x$의 크기를 구하시오.

(1)
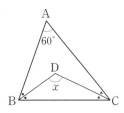

풀이 ❶ △ABC에서 $60°+2●+2▲=\boxed{}°$이므로

$2●+2▲=\boxed{}°$ ∴ $●+▲=\boxed{}°$

❷ △DBC에서 $\angle x+●+▲=\boxed{}°$이므로

$\angle x+\boxed{}°=\boxed{}°$ ∴ $\angle x=\boxed{}°$

(2)
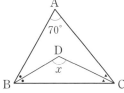

(3)
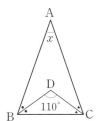

풀이 ❶ △DBC에서 $110°+●+▲=\boxed{}°$이므로

$●+▲=\boxed{}°$ ∴ $2●+2▲=\boxed{}°$

❷ △ABC에서 $\angle x+2●+2▲=\boxed{}°$이므로

$\angle x+\boxed{}°=\boxed{}°$ ∴ $\angle x=\boxed{}°$

(4)
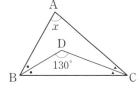

◁ 모양의 도형에서 각의 크기 구하기

05 다음 그림에서 ∠x의 크기를 구하시오.

(1)

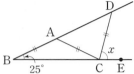

_____

풀이 ❶ △ABC에서 $\overline{AB}=\overline{AC}$이므로

∠ACB=∠ABC=☐°

❷ ∠CAD는 △ABC의 한 외각이므로

∠CAD=25°+☐°=☐°

❸ △CAD에서 $\overline{CA}=\overline{CD}$이므로

∠CDA=∠CAD=☐°

❹ ∠x는 △DBC의 한 외각이므로

∠x=∠DBC+∠CDA

=25°+☐°=☐°

(2)

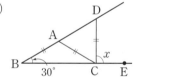

_____

(3)

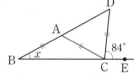

_____

(4)

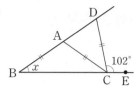

_____

(5)

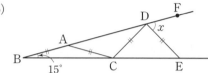

_____

(6)

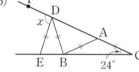

_____

🔹🔹🔹🔹 학교 시험 **바로** 맛보기 ──────

06 오른쪽 그림에서 ∠x+∠y의 값을 구하시오.

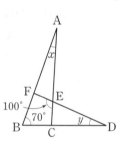

개념 **28** 다각형의 내각의 크기의 합

n각형의 내각의 크기의 합은 $180° \times (n-2)$이다.

└─ 삼각형의 내각의 크기의 합   └─ 나누어지는 삼각형의 개수

다각형	사각형	오각형	육각형
한 꼭짓점에서 대각선을 모두 그을 때 생기는 삼각형의 개수	$4-2=2$(개)	$5-2=3$(개)	$6-2=4$(개)
다각형의 내각의 크기의 합	$180° \times 2 = 360°$	$180° \times 3 = 540°$	$180° \times 4 = 720°$

• 정답 및 해설 012쪽

다각형의 내각의 크기의 합

01 다음 다각형의 내각의 크기의 합을 구하시오.

(1) 칠각형

_____

> **풀이** 칠각형의 한 꼭짓점에서 대각선을 모두 그을 때 생기는
> 삼각형의 개수는
> $\boxed{}-2=\boxed{}$(개)
> 따라서 칠각형의 내각의 크기의 합은
> $180° \times (\boxed{}-2)=\boxed{}°$

(2) 팔각형

_____

(3) 십각형

_____

(4) 십오각형

_____

(5) 이십각형

_____

02 내각의 크기의 합이 다음과 같은 다각형의 이름을 말하시오.

(1) $540°$

_____

> **풀이** 구하는 다각형을 n각형이라 하면
> $180° \times (n-\boxed{})=540°$ $\therefore n=\boxed{}$
> 따라서 구하는 다각형은 $\boxed{}$이다.

(2) $360°$

_____

(3) $1260°$

_____

(4) $1800°$

_____

(5) $2160°$

_____

내각의 크기의 합을 이용하여 각의 크기 구하기

03 다음 그림에서 ∠x의 크기를 구하시오.

(1)

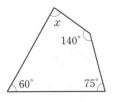

> **풀이** 사각형의 내각의 크기의 합은
>
> $180° \times (4-2) = \boxed{}°$이므로
>
> $\angle x + 60° + 75° + 140° = \boxed{}°$
>
> $\therefore \ \angle x = \boxed{}°$

(2)

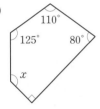

(3)

(4)

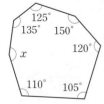

(5)

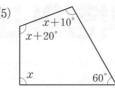

(6)

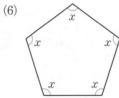

(7)

(8)

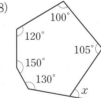

(9)

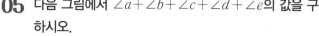

모양의 도형에서 각의 크기 구하기

04 다음 그림에서 $\angle x$의 크기를 구하시오.

(1)

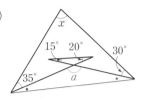

풀이 ❶ 맞꼭지각의 크기는 같으므로

$180° - \angle a = 15° + 20°$

$180° - \angle a = \bullet + \blacktriangle$이므로

$\bullet + \blacktriangle = 15° + 20° = \boxed{}°$

❷ $\angle x + 35° + \bullet + \blacktriangle + 30° = 180°$

$\therefore \angle x = \boxed{}°$

(2)

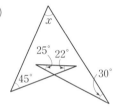

(3)

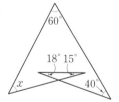

(4)

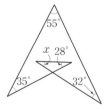

05 다음 그림에서 $\angle a + \angle b + \angle c + \angle d + \angle e$의 값을 구하시오.

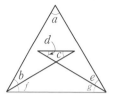

풀이 맞꼭지각의 크기는 같으므로

$\angle c + \angle d = \angle f + \boxed{}$

$\therefore \angle a + \angle b + \angle c + \angle d + \angle e$

$= \angle a + \angle b + \angle f + \boxed{} + \angle e$

$=$(삼각형의 내각의 크기의 합)

$= \boxed{}°$

••••• 학교 시험 **바로** 맛보기 ••••••

06 내각의 크기의 합이 $1080°$인 다각형의 대각선의 개수는?

① 16개   ② 20개   ③ 24개

④ 26개   ⑤ 30개

개념 29 다각형의 외각의 크기의 합

다각형의 외각의 크기의 합은 항상 $360°$이다.

예 오른쪽 그림과 같이 삼각형의 각 꼭짓점에서 한 내각과 그 외각의 크기의 합은 $180°$이므로

모든 내각과 외각의 크기의 합은 $180°×3=540°$이다.

이때 삼각형의 내각의 크기의 합은 $180°$이므로 삼각형의 외각의 크기의 합은

$540°-180°=360°$

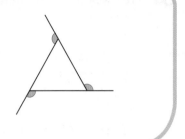

• 정답 및 해설 013쪽

다각형의 외각의 크기의 합

01 다음 그림에서 $∠x$의 크기를 구하시오.

(1)

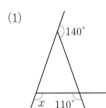

풀이 다각형의 외각의 크기의 합은 $\boxed{}$ °이므로

$∠x+110°+140°=\boxed{}$ °

$\therefore ∠x=\boxed{}$ °

(2)

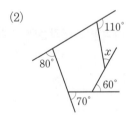

(3)

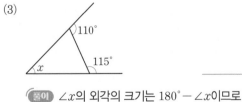

풀이 $∠x$의 외각의 크기는 $180°-∠x$이므로

$(180°-∠x)+110°+115°=\boxed{}$ °

$\therefore ∠x=\boxed{}$ °

(4)

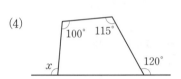

(5)

⫷⫷⫷⫷ 학교 시험 **바로** 맛보기

02 다음 그림에서 $∠x+∠y$의 값을 구하시오.

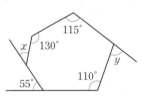

정다각형의 한 내각과 한 외각의 크기

(1) (정n각형의 한 내각의 크기)$=\dfrac{180°\times(n-2)}{n}$ ← $\dfrac{n각형의\ 내각의\ 크기의\ 합}{n}$

(2) (정n각형의 한 외각의 크기)$=\dfrac{360°}{n}$ ← $\dfrac{n각형의\ 외각의\ 크기의\ 합}{n}$

• 정답 및 해설 013쪽

정다각형의 한 내각의 크기

01 다음 정다각형의 한 내각의 크기를 구하시오.

(1) 정육각형

_____

> **풀이** 정육각형의 내각의 크기의 합은
>
> $180°\times(\boxed{}-2)=\boxed{}°$
>
> 따라서 정육각형의 한 내각의 크기는
>
> $\dfrac{\boxed{}°}{6}=\boxed{}°$

(2) 정팔각형

_____

(3) 정십이각형

_____

(4) 정십팔각형

_____

02 한 내각의 크기가 다음과 같은 정다각형의 이름을 말하시오.

(1) 108°

_____

> **풀이** 구하는 정다각형을 정n각형이라 하면
>
> $\dfrac{180°\times(n-2)}{n}=108°$에서
>
> $180°\times(n-2)=108°\times n$
>
> $180°\times n-\boxed{}°=108°\times n,\ 72°\times n=\boxed{}°$
>
> $\therefore\ n=\boxed{}$
>
> 따라서 구하는 정다각형은 $\boxed{}$이다.

(2) 90°

_____

(3) 156°

_____

(4) 162°

_____

정다각형의 한 외각의 크기

03 다음 정다각형의 한 외각의 크기를 구하시오.

(1) 정사각형

　　　_____

　　풀이 정사각형의 한 외각의 크기는

$$\frac{360°}{\boxed{}} = \boxed{}°$$

(2) 정육각형

　　　_____

(3) 정팔각형

　　　_____

(4) 정십각형

　　　_____

(5) 정십오각형

　　　_____

(6) 정이십각형

　　　_____

04 한 외각의 크기가 다음과 같은 정다각형의 이름을 말하시오.

(1) 120°

　　　_____

　　풀이 구하는 정다각형을 정n각형이라 하면

$$\frac{360°}{n} = 120° \qquad \therefore n = \boxed{}$$

따라서 구하는 정다각형은 $\boxed{}$ 이다.

(2) 40°

　　　_____

(3) 30°

　　　_____

(4) 20°

　　　_____

(5) 15°

　　　_____

(6) 12°

　　　_____

05 한 내각의 크기가 다음과 같은 정다각형을 구하고, 한 외각의 크기를 구하시오.

(1) 60°

_____

(풀이) 구하는 정다각형을 정n각형이라 하면 한 내각의 크기는

$$\frac{180° \times (n-2)}{n} = 60° \qquad \therefore n = \boxed{}$$

따라서 정삼각형의 한 외각의 크기는

$$\frac{360°}{\boxed{}} = \boxed{}°$$

(2) 144°

_____

(3) 150°

_____

정다각형의 한 내각과 한 외각의 크기의 비

06 한 내각의 크기와 그 외각의 크기의 비가 다음과 같은 정다각형의 이름을 말하시오.

(1) 2 : 1

_____

(풀이) 구하는 정다각형을 정n각형이라 하면 한 외각의 크기는

$$180° \times \frac{\boxed{}}{2+1} = \boxed{}° \text{이므로}$$

$$\frac{360°}{n} = \boxed{}° \qquad \therefore n = \boxed{}$$

따라서 구하는 정다각형은 $\boxed{}$ 이다.

(2) 1 : 2

_____

(3) 3 : 1

_____

(4) 3 : 2

_____

(5) 4 : 1

_____

(6) 7 : 2

_____

〜〜〜〜〜 학교 시험 **바로** 맛보기 〜〜〜〜〜

07 한 내각의 크기가 120°인 정다각형의 대각선의 개수는?

① 6개　　　② 9개　　　③ 12개
④ 15개　　　⑤ 18개

1 다음 중 옳은 것은?

① 다각형의 내각의 크기는 모두 같다.

② 다각형의 외각의 크기는 모두 같다.

③ 모든 평면도형은 다각형이다.

④ 다각형의 외각은 한 내각에 대하여 한 개이다.

⑤ 다각형의 한 꼭짓점에서 내각의 크기와 외각의 크기의 합은 $180°$이다.

2 대각선의 개수가 77개인 다각형의 한 꼭짓점에서 그을 수 있는 대각선의 개수를 a개, 이때 생기는 삼각형의 개수를 b개라 하자. $a+b$의 값을 구하시오.

3 다음 |조건|을 모두 만족시키는 다각형의 이름을 말하시오.

| 조건 |

㈎ 대각선의 개수는 104개이다.

㈏ 모든 변의 길이와 모든 내각의 크기가 각각 같다.

4 오른쪽 그림의 △ABC에서 $\angle x$의 크기를 구하시오.

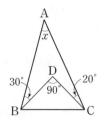

5 오른쪽 그림에서 $\angle x$의 크기를 구하시오.

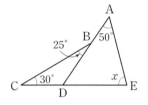

6 오른쪽 그림에서 다음을 구하시오.

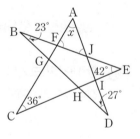

(1) ∠AFJ의 크기

(2) ∠AJF의 크기

(3) $\angle x$의 크기

7 한 꼭짓점에서 그을 수 있는 대각선의 개수가 10개인 다각형의 내각의 크기의 합을 구하시오.

8 정구각형의 한 내각의 크기를 $\angle x$, 정오각형의 한 외각의 크기를 $\angle y$라 할 때, $\angle x + \angle y$의 값은?

① $142°$ ② $150°$ ③ $164°$

④ $198°$ ⑤ $212°$

9 내각의 크기의 합이 $1440°$인 정다각형의 한 외각의 크기를 구하시오.

10 정십이각형의 한 내각의 크기와 한 외각의 크기의 비는?

① $5:1$ ② $5:2$ ③ $4:1$

④ $3:1$ ⑤ $3:2$

11 오른쪽 그림의 정오각형에서 $\overline{AC}$와 $\overline{BE}$의 교점이 P일 때, $\angle x$의 크기는?

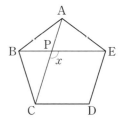

① $98°$ ② $100°$

③ $108°$ ④ $120°$

⑤ $140°$

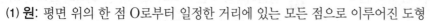

개념 31 원과 부채꼴

(1) **원**: 평면 위의 한 점 O로부터 일정한 거리에 있는 모든 점으로 이루어진 도형
(2) **호 AB**: 원 위의 두 점 A, B를 양 끝 점으로 하는 원의 일부분 [기호] $\overset{\frown}{AB}$
(3) **할선**: 원 위의 두 점을 이은 직선
(4) **현 CD**: 원 위의 두 점 C, D를 이은 선분 CD

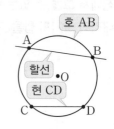

(5) **부채꼴 AOB**: 원 O에서 호 AB와 두 반지름 OA, OB로 이루어진 도형
(6) **중심각**: 부채꼴 AOB에서 ∠AOB를 호 AB에 대한 중심각 또는 부채꼴 AOB의 중심각이라 한다.
(7) **활꼴**: 원에서 현 CD와 호 CD로 이루어진 도형

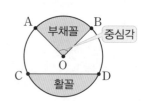

[참고] • 원의 중심을 지나는 현은 그 원의 지름이고, 원에서 지름은 길이가 가장 긴 현이다.
• 반원은 활꼴이면서 중심각의 크기가 180°인 부채꼴이다.

• 정답 및 해설 015쪽

원과 부채꼴

01 아래 그림과 같이 원 O 위에 네 점 A, B, C, D가 있다. 다음을 원 위에 나타내시오.

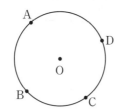

(1) 호 AB

(2) 현 AD

(3) ∠BOC

(4) 부채꼴 AOD

(5) 현 BC와 호 BC로 이루어진 활꼴

02 오른쪽 그림의 원 O에 대하여 다음을 기호로 나타내시오.

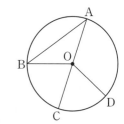

(1) $\overset{\frown}{BC}$에 대한 중심각 _____

(2) $\overset{\frown}{AC}$에 대한 중심각 _____

(3) ∠AOB에 대한 현 _____

●●●● 학교 시험 **바로** 맛보기

03 다음 중 옳은 것을 모두 고르면? (정답 2개)

① 원의 중심을 지나는 현은 지름이다.
② 부채꼴은 호와 현으로 이루어진 도형이다.
③ 중심각의 크기가 180°인 부채꼴은 반원이다.
④ 부채꼴과 활꼴이 같아지는 경우는 없다.
⑤ 호는 원 위의 두 점을 이은 선분이다.

개념 **32** # 부채꼴의 중심각의 크기와 호의 길이, 넓이

(1) **부채꼴의 중심각의 크기와 호의 길이**

한 원 또는 합동인 두 원에서

① 중심각의 크기가 같은 두 부채꼴의 호의 길이는 같다.

② 호의 길이가 같은 두 부채꼴의 중심각의 크기는 같다.

② 부채꼴의 호의 길이는 중심각의 크기에 정비례한다.

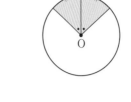

(2) **부채꼴의 중심각의 크기와 넓이**

한 원 또는 합동인 두 원에서

① 중심각의 크기가 같은 두 부채꼴의 넓이는 같다.

② 넓이가 같은 두 부채꼴의 중심각의 크기는 같다.

③ 부채꼴의 넓이는 중심각의 크기에 정비례한다.

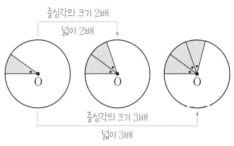

• 정답 및 해설 015쪽

부채꼴의 중심각의 크기와 호의 길이

01 다음 그림의 원 O에서 x의 값을 구하시오.

(1)

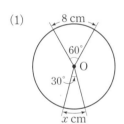

> 풀이 $60:30=8:x$ ∴ $x=\boxed{}$

(2)

x cm 135° 45° 5 cm

_____

(3)

20° 3 cm $x°$ 9 cm

_____

(4)

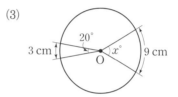

_____

(5)

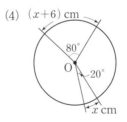

6 cm $(x+30)°$ 15 cm $x°$

_____

02 다음 그림의 원 O에서 x, y의 값을 각각 구하시오.

(1)

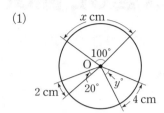

풀이 $20:100=2:x$ ∴ $x=$ ☐

$20:y=2:4$ ∴ $y=$ ☐

(2)

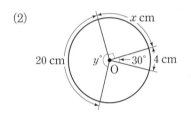

(3)

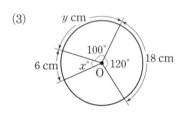

(4)

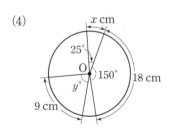

반원에서 중심각의 크기와 호의 길이

03 다음 그림에서 x의 값을 구하시오.

(1)

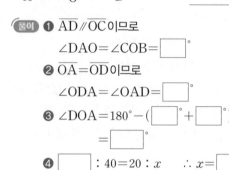

풀이 ❶ $\overline{AD} \mathbin{/\mkern-5mu/} \overline{OC}$이므로

$\angle DAO = \angle COB =$ ☐ °

❷ $\overline{OA} = \overline{OD}$이므로

$\angle ODA = \angle OAD =$ ☐ °

❸ $\angle DOA = 180° - ($☐$° +$☐$°)$

$=$ ☐ °

❹ ☐ $:40=20:x$ ∴ $x=$ ☐

(2)

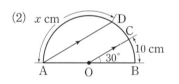

(3)

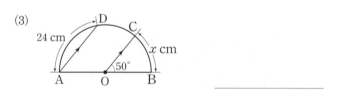

부채꼴의 중심각의 크기와 넓이

04 다음 그림의 원 O에서 x의 값을 구하시오.

(1)

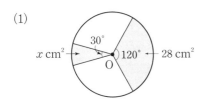

(풀이) $30 : 120 = x : 28$ ∴ $x = \boxed{}$

(2)

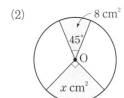

(3)

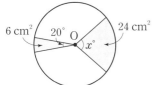

(4)

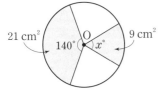

05 다음 그림과 같은 부채꼴의 넓이를 구하시오.

(1) $\overparen{AB} : \overparen{CD} = 2 : 1$일 때, 부채꼴 COD의 넓이

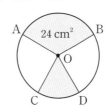

(2) $\overparen{AB} : \overparen{CD} = 2 : 3$일 때, 부채꼴 AOB의 넓이

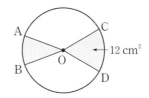

학교 시험 **바로** 맛보기

06 오른쪽 그림의 원 O에서
$\overparen{AB} : \overparen{BC} : \overparen{CA} = 2 : 3 : 4$일 때,
∠AOB의 크기를 구하시오.

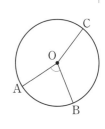

개념 33 부채꼴의 중심각의 크기와 현의 길이

한 원 또는 합동인 두 원에서
(1) 중심각의 크기가 같은 두 부채꼴의 현의 길이는 같다.
(2) 길이가 같은 두 현의 중심각의 크기는 같다.
(3) 현의 길이는 중심각의 크기에 정비례하지 않는다.

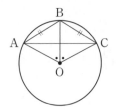

· 정답 및 해설 016쪽

부채꼴의 중심각의 크기와 현의 길이

01 다음 그림의 원 O에서 x의 값을 구하시오.

(1)
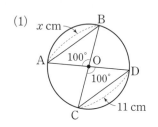

_____

(2)
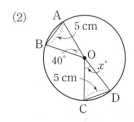

_____

(3)
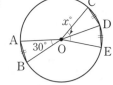

_____

02 오른쪽 그림에서 $\overline{AD}$는 원 O의 지름이고 $\angle AOB = 90°$, $\angle COD = \angle DOE = 45°$일 때, 다음 중 옳은 것은 ○표, 옳지 않은 것은 ✕표를 쓰시오.

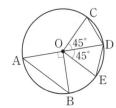

(1) $\overset{\frown}{AB} = 2\overset{\frown}{CD}$ _____

(2) $\overline{AB} = 2\overline{CD}$ _____

(3) $\overline{AB} > 2\overline{CD}$ _____

●●●● 학교 시험 **바로** 맛보기

03 오른쪽 그림과 같이 반지름의 길이가 5 cm인 원 O에서 $\overline{AB} = 8$ cm 이고 $\angle AOB = \angle COD$일 때, 색칠한 부분의 둘레의 길이를 구하시오.

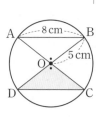

개념 34 원의 둘레의 길이와 넓이

(1) 원주율

원주 →

원의 지름의 길이에 대한 원의 둘레의 길이의 비율을 원주율이라 한다.

➡ (원주율) $= \dfrac{(원의\ 둘레의\ 길이)}{(원의\ 지름의\ 길이)}$ ← (원의 둘레의 길이) = (원주) = l, (반지름의 길이) = r이라 하면 $\pi = \dfrac{l}{2r}$

이때 원주율은 기호 π로 나타내며 '파이'라 읽는다.

(2) 원의 둘레의 길이와 넓이

반지름의 길이가 r인 원의 둘레의 길이를 l, 넓이를 S라 하면

① $l = 2 \times (원주율) \times (반지름의\ 길이)$ ➡ $l = 2\pi r$

② $S = (원주율) \times (반지름의\ 길이) \times (반지름의\ 길이)$ ➡ $S = \pi r^2$

· 정답 및 해설 016쪽

원의 둘레의 길이와 넓이

01 다음 그림과 같은 원의 둘레의 길이 l과 원의 넓이 S를 각각 구하시오.

(1)

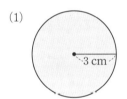

$l:$ _____, $S:$ _____

(2)

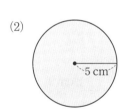

$l:$ _____, $S:$ _____

(3)

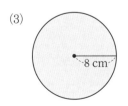

$l:$ _____, $S:$ _____

(4)

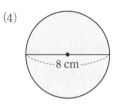

$l:$ _____, $S:$ _____

(5)

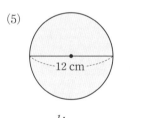

$l:$ _____, $S:$ _____

(6)

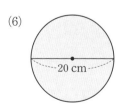

$l:$ _____, $S:$ _____

02 다음 그림에서 색칠한 부분의 둘레의 길이 l과 넓이 S를 각각 구하시오.

(1)

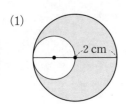

$l:$ _____ , $S:$ _____

풀이 $l = 2\pi \times 2 + 2\pi \times \boxed{}$

$\quad = \boxed{} + \boxed{} = \boxed{}$ (cm)

$\quad S = \pi \times \boxed{}^2 - \pi \times \boxed{}^2$

$\quad = \boxed{} - \boxed{} = \boxed{}$ (cm²)

(2)

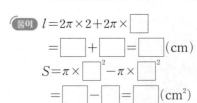

$l:$ _____ , $S:$ _____

(3)

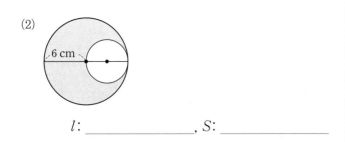

$l:$ _____ , $S:$ _____

(4)

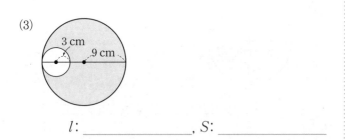

$l:$ _____ , $S:$ _____

(5)

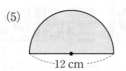

$l:$ _____ , $S:$ _____

풀이 $l = \dfrac{1}{2} \times 2\pi \times \boxed{} + \boxed{} = \boxed{}$ (cm)

$\quad S = \dfrac{1}{2} \times \pi \times \boxed{}^2 = \boxed{}$ (cm²)

(6)

$l:$ _____ , $S:$ _____

(7)

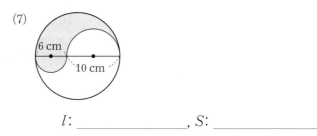

$l:$ _____ , $S:$ _____

풀이 $l = \dfrac{1}{2} \times 2\pi \times 8 + \dfrac{1}{2} \times 2\pi \times 3 + \dfrac{1}{2} \times 2\pi \times \boxed{}$

$\quad = 8\pi + 3\pi + \boxed{} = \boxed{}$ (cm)

$\quad S = \dfrac{1}{2} \times \pi \times 8^2 + \dfrac{1}{2} \times \pi \times \boxed{}^2 - \dfrac{1}{2} \times \pi \times \boxed{}^2$

$\quad = 32\pi + \boxed{} - \boxed{} = \boxed{}$ (cm²)

(8)

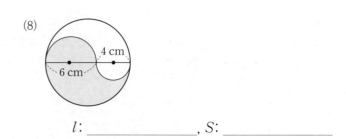

$l:$ _____ , $S:$ _____

03 원의 둘레의 길이가 다음과 같을 때, 원의 반지름의 길이를 구하시오.

(1) 2π cm

풀이 원의 반지름의 길이를 r cm라 하면
$$\boxed{} \times r = 2\pi \qquad \therefore r = \boxed{} \text{(cm)}$$

(2) π cm

(3) 6π cm

(4) 10π cm

(5) 7π cm

(6) 20π cm

04 원의 둘레의 길이가 다음과 같을 때, 원의 넓이를 구하시오.

(1) 4π cm

풀이 원의 반지름의 길이를 r cm라 하면
$$2\pi \times r = 4\pi \text{에서 } r = \boxed{} \text{(cm)}$$
따라서 원의 넓이는
$$\pi \times \boxed{}^2 = \boxed{} \text{(cm}^2)$$

(2) 8π cm

(3) 12π cm

(4) 26π cm

(5) 30π cm

●●●● 학교 시험 **바로** 맛보기

05 오른쪽 그림에서 $\overline{AB} = \overline{BC} = \overline{CD}$이고, $\overline{AD}$는 원의 지름이다. $\overline{AD} = 12$ cm일 때, 색칠한 부분의 둘레의 길이를 구하시오.

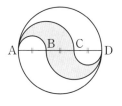

개념 35 부채꼴의 호의 길이와 넓이

(1) 부채꼴의 호의 길이와 넓이

반지름의 길이가 r, 중심각의 크기가 $x°$인 부채꼴의 호의 길이를 l, 넓이를 S라 하면

① $l = 2\pi r \times \dfrac{x}{360}$　　　　② $S = \pi r^2 \times \dfrac{x}{360}$

참고 ① 부채꼴의 호의 길이와 중심각의 크기는 정비례하므로 $2\pi r : l = 360 : x \Rightarrow l = 2\pi r \times \dfrac{x}{360}$

② 부채꼴의 넓이와 중심각의 크기는 정비례하므로 $\pi r^2 : S = 360 : x \Rightarrow S = \pi r^2 \times \dfrac{x}{360}$

(2) 부채꼴의 호의 길이와 넓이 사이의 관계

반지름의 길이가 r, 호의 길이가 l인 부채꼴의 넓이를 S라 하면

$S = \dfrac{1}{2}rl$ ← 중심각의 크기가 주어지지 않은 부채꼴의 넓이를 구할 때 유용하다.

부채꼴의 호의 길이와 넓이

01 다음 그림에서 색칠한 부분의 둘레의 길이 l과 넓이 S를 각각 구하시오.

(1)

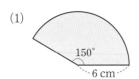

$l :$ _____ , $S :$ _____

풀이 $l = 2\pi \times \boxed{} \times \dfrac{\boxed{}}{360} = \boxed{}$ (cm)

$S = \pi \times \boxed{}^2 \times \dfrac{\boxed{}}{360} = \boxed{}$ (cm²)

(2)

$l :$ _____ , $S :$ _____

(3)

$l :$ _____ , $S :$ _____

(4)

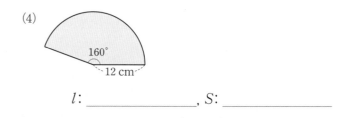

$l :$ _____ , $S :$ _____

(5)

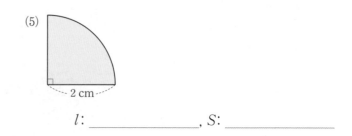

$l :$ _____ , $S :$ _____

02 다음과 같은 부채꼴의 호의 길이 l과 넓이 S를 각각 구하시오.

(1) 반지름의 길이가 9 cm, 중심각의 크기가 60°

$l:$ _____ , $S:$ _____

(2) 반지름의 길이가 4 cm, 중심각의 크기가 90°

$l:$ _____ , $S:$ _____

(3) 반지름의 길이가 8 cm, 중심각의 크기가 270°

$l:$ _____ , $S:$ _____

(4) 반지름의 길이가 9 cm, 중심각의 크기가 120°

$l:$ _____ , $S:$ _____

(5) 반지름의 길이가 12 cm, 중심각의 크기가 210°

$l:$ _____ , $S:$ _____

03 다음과 같은 부채꼴의 중심각의 크기를 구하시오.

(1) 반지름의 길이가 5 cm, 호의 길이가 2π cm인 부채꼴

_____

풀이 부채꼴의 중심각의 크기를 $x°$라 하면

$$2\pi \times \boxed{} \times \frac{x}{360} = 2\pi \qquad \therefore x = \boxed{} (°)$$

(2) 반지름의 길이가 8 cm, 호의 길이가 6π cm인 부채꼴

_____

(3) 반지름의 길이가 6 cm, 호의 길이가 3π cm인 부채꼴

_____

(4) 반지름의 길이가 3 cm, 넓이가 2π cm²인 부채꼴

_____

풀이 부채꼴의 중심각의 크기를 $x°$라 하면

$$\pi \times \boxed{}^2 \times \frac{x}{360} = 2\pi \qquad \therefore x = \boxed{} (°)$$

(5) 반지름의 길이가 9 cm, 넓이가 27π cm²인 부채꼴

_____

(6) 반지름의 길이가 4 cm, 넓이가 10π cm²인 부채꼴

_____

04 다음과 같은 부채꼴의 반지름의 길이를 구하시오.

(1) 중심각의 크기가 60°, 호의 길이가 π cm인 부채꼴

_____

(풀이) 부채꼴의 반지름의 길이를 r cm라 하면

$$2\pi r \times \frac{\boxed{}}{360} = \pi \qquad \therefore r = \boxed{} \text{(cm)}$$

(2) 중심각의 크기가 80°, 호의 길이가 4π cm인 부채꼴

_____

(3) 중심각의 크기가 150°, 호의 길이가 5π cm인 부채꼴

_____

(4) 중심각의 크기가 240°, 넓이가 6π cm²인 부채꼴

_____

(풀이) 부채꼴의 반지름의 길이를 r cm $(r>0)$라 하면

$$\pi r^2 \times \frac{\boxed{}}{360} = 6\pi, \ r^2 = \boxed{}$$

$$\therefore r = \boxed{} \text{(cm)}$$

(5) 중심각의 크기가 45°, 넓이가 2π cm²인 부채꼴

_____

(6) 중심각의 크기가 135°, 넓이가 24π cm²인 부채꼴

_____

부채꼴의 호의 길이와 넓이 사이의 관계

05 다음 그림과 같은 부채꼴의 넓이를 구하시오.

(1)
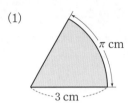

_____

(풀이) $\dfrac{1}{2} \times 3 \times \boxed{} = \boxed{} \text{(cm}^2)$

(2)
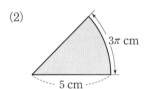

_____

(3)
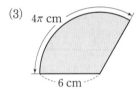

_____

(4)
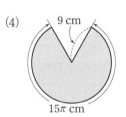

_____

(5)
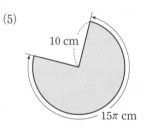

_____

06 다음과 같은 부채꼴의 넓이를 구하시오.

(1) 반지름의 길이가 4 cm, 호의 길이가 2π cm인 부채꼴

_____

(2) 반지름의 길이가 6 cm, 호의 길이가 6π cm인 부채꼴

_____

(3) 반지름의 길이가 8 cm, 호의 길이가 24π cm인 부채꼴

_____

(4) 반지름의 길이가 12 cm, 호의 길이가 96π cm인 부채꼴

_____

07 다음과 같은 부채꼴의 반지름의 길이를 구하시오.

(1) 호의 길이가 3π cm, 넓이가 9π cm²인 부채꼴

_____

풀이 부채꼴의 반지름의 길이를 r cm라 하면

$$\frac{1}{2} \times r \times \boxed{} = 9\pi \qquad \therefore r = \boxed{} \text{(cm)}$$

(2) 호의 길이가 5π cm, 넓이가 25π cm²인 부채꼴

_____

(3) 호의 길이가 4π cm, 넓이가 16π cm²인 부채꼴

_____

(4) 호의 길이가 7π cm, 넓이가 28π cm²인 부채꼴

_____

(5) 호의 길이가 12π cm, 넓이가 54π cm²인 부채꼴

_____

 학교 시험 **바로** 맛보기

08 다음 그림의 반원 O에서 색칠한 부분의 넓이가 12π cm² 일 때, $\overline{\text{AD}}$의 길이를 구하시오.

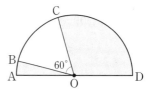

개념 36 색칠한 부분의 둘레의 길이와 넓이

교과서 UP

(1) 색칠한 부분의 둘레의 길이 구하기

① 곡선 부분은 원의 둘레의 길이나 부채꼴의 호의 길이를 구하는 공식을 이용한다.

② 직선 부분은 원의 지름이나 반지름의 길이를 이용한다.

 ⇒ (색칠한 부분의 둘레의 길이)=(큰 호의 길이)+(작은 호의 길이)+{(선분의 길이)×2}

(2) 색칠한 부분의 넓이 구하기

도형의 넓이를 빼거나 더해서 넓이를 구한다.

❶ 전체 넓이에서 색칠하지 않은 부분의 넓이를 뺀다.

❷ 같은 부분이 있으면 한 부분의 넓이를 구한 후 같은 부분의 개수를 곱한다.

부채꼴에서 색칠한 부분의 둘레의 길이 구하기

01 다음 그림에서 색칠한 부분의 둘레의 길이를 구하시오.

(1)

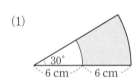

_____

풀이 ❶ (큰 호의 길이)=$2\pi \times \boxed{} \times \dfrac{\boxed{}}{360}$

$= \boxed{}$ (cm)

❷ (작은 호의 길이)=$2\pi \times \boxed{} \times \dfrac{\boxed{}}{360}$

$= \boxed{}$ (cm)

❸ (선분의 길이)×2=$\boxed{} \times 2 = \boxed{}$ (cm)

❹ (색칠한 부분의 둘레의 길이)

$= \boxed{} + \boxed{} + \boxed{}$

$= \boxed{}$ (cm)

(2)

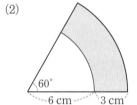

_____

(3)

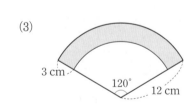

_____

사각형에서 색칠한 부분의 둘레의 길이 구하기

02 다음 그림에서 색칠한 부분의 둘레의 길이를 구하시오.

(1)

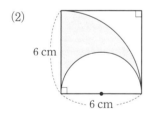

4 cm

4 cm

풀이 ❶ (◢ 의 호의 길이)$=\dfrac{1}{4}\times 2\pi\times \square$

$=\square$(cm)

❷ (⌢ 의 호의 길이)$=\dfrac{1}{2}\times 2\pi\times \square$

$=\square$(cm)

❸ (정사각형의 한 변의 길이)$=\square$ cm

❹ (색칠한 부분의 둘레의 길이)

$=\square+\square+\square$

$=\square$(cm)

(2)

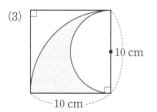

6 cm

6 cm

(3)

10 cm

10 cm

03 다음 그림에서 색칠한 부분의 둘레의 길이를 구하시오.

(1)

8 cm

8 cm

풀이 ❶ (◢ 의 호의 길이)$=\dfrac{1}{4}\times 2\pi\times \square$

$=\square$(cm)

❷ (□ 의 둘레의 길이)$=\square\times 4=\square$(cm)

❸ (색칠한 부분의 둘레의 길이)

$=\square\times 2+\square$

$=\square$(cm)

(2)

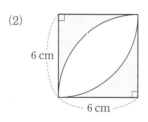

6 cm

6 cm

(3)

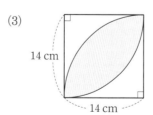

14 cm

14 cm

부채꼴에서 색칠한 부분의 넓이 구하기

04 다음 그림에서 색칠한 부분의 넓이를 구하시오.

(1)

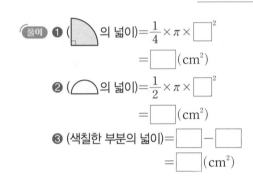

(풀이) ❶ (큰 부채꼴의 넓이)$=\pi \times \boxed{}^2 \times \dfrac{\boxed{}}{360}$

$=\boxed{}(\mathrm{cm}^2)$

❷ (작은 부채꼴의 넓이)$=\pi \times \boxed{}^2 \times \dfrac{\boxed{}}{360}$

$=\boxed{}(\mathrm{cm}^2)$

❸ (색칠한 부분의 넓이)$=\boxed{}-\boxed{}$

$=\boxed{}(\mathrm{cm}^2)$

(2)

(3)

사각형에서 색칠한 부분의 넓이 구하기

05 다음 그림에서 색칠한 부분의 넓이를 구하시오.

(1)

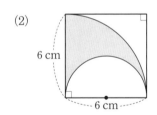

(풀이) ❶ (◟◝의 넓이)$=\dfrac{1}{4}\times\pi\times\boxed{}^2$

$=\boxed{}(\mathrm{cm}^2)$

❷ (◠의 넓이)$=\dfrac{1}{2}\times\pi\times\boxed{}^2$

$=\boxed{}(\mathrm{cm}^2)$

❸ (색칠한 부분의 넓이)$=\boxed{}-\boxed{}$

$=\boxed{}(\mathrm{cm}^2)$

(2)

(3)

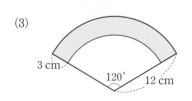

06 다음 그림에서 색칠한 부분의 넓이를 구하시오.

(1)
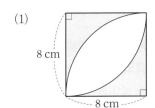

풀이 ❶ (정사각형의 넓이)=□×□=□(cm²)

❷ ($\square$의 넓이)=$\frac{1}{4}×\pi×\square^2$

=□(cm²)

❸ ($\square$의 넓이)=❶−❷=□(cm²)

❹ (색칠한 부분의 넓이)=❸×2=(□)×2

=□(cm²)

(2)
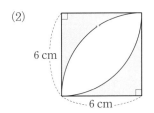

(3)
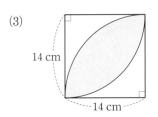

색칠한 부분의 넓이 구하기

07 다음 그림에서 색칠한 부분의 넓이를 구하시오.

(1)
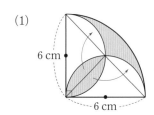

풀이 색칠한 부분을 옮기면 $\square$ 이므로

(색칠한 부분의 넓이)

=$\left(\frac{1}{4}×\pi×\square^2\right)-\left(\frac{1}{2}×6×6\right)$

=□(cm²)

(2)
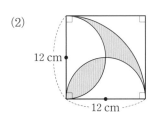

(3)
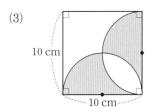

━◀◀◀◀◀ 학교 시험 **바로** 맛보기 ━━━━

08 오른쪽 그림과 같이 반지름의 길이가 10 cm인 원 O에서 색칠한 부분의 넓이를 구하시오.
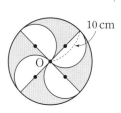

기본기 탄탄 문제 _{개념} 31 ~ 36

1 다음 중 한 원 또는 합동인 두 원에 대한 설명으로 옳지 <u>않은</u> 것은?

① 길이가 같은 호에 대한 중심각의 크기는 같다.

② 길이가 같은 현에 대한 중심각의 크기는 같다.

③ 부채꼴의 넓이는 중심각의 크기에 정비례한다.

④ 넓이가 같은 부채꼴에 대한 중심각의 크기는 같다.

⑤ 중심각의 크기가 2배가 되면 현의 길이도 2배가 된다.

2 오른쪽 그림의 원 O에서
$\angle AOB=45°$, $\overparen{AB}=4$ cm일 때,
원 O의 둘레의 길이를 구하시오.

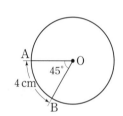

3 오른쪽 그림의 원에서 색칠한
부분의 넓이는?

① 16π cm^2

② 18π cm^2

③ 19π cm^2

④ 21π cm^2

⑤ 23π cm^2

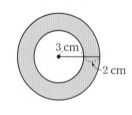

4 반지름의 길이가 8 cm이고 중심각의 크기가 180°인 부채꼴의 넓이를 S_1 cm^2, 반지름의 길이가 12 cm이고 호의 길이가 6π cm인 부채꼴의 넓이를 S_2 cm^{2}라 할 때, S_2-S_1의 값을 구하시오.

5 오른쪽 그림과 같이 한 변의 길이가 6 cm인 정육각형에서 색칠한 부채꼴의 둘레의 길이를 구하시오.

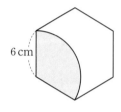

6 오른쪽 그림과 같이 한 변의 길이가 8 cm인 정사각형에서 색칠한 부분의 넓이는?

① 24 cm^2 ② 30 cm^2

③ 32 cm^2 ④ 36 cm^2

⑤ 40 cm^2

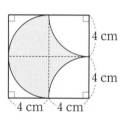

II. 평면도형과
입체도형

4. 입체도형의 성질

개념 37 다면체

다각형인 면으로만 둘러싸인 입체도형을 **다면체**라 한다.
➡ 다면체는 그 면의 개수에 따라 사면체, 오면체, 육면체, …라 한다.
참고 면의 개수가 가장 적은 다면체는 사면체이다.
(1) **면**: 다면체를 둘러싸고 있는 다각형
(2) **모서리**: 다면체의 면인 다각형의 변
(3) **꼭짓점**: 다면체의 면인 다각형의 꼭짓점

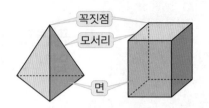

• 정답 및 해설 020쪽

다면체

01 다음 입체도형 중 다면체인 것에는 ○표, 다면체가 아닌 것에는 ✕표를 쓰시오.

(1)
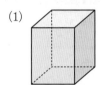

_____

(2)
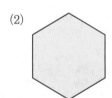

_____

(3)
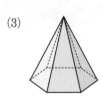

_____

(4)

_____

다면체의 면, 모서리, 꼭짓점

02 오른쪽 그림의 다면체에 대하여 다음을 구하시오.

(1) 면의 개수

_____

(2) 꼭짓점의 개수

_____

(3) 모서리의 개수

_____

●●●● 학교 시험 **바로** 맛보기

03 다음 중 다면체가 아닌 것을 모두 고르면? (정답 2개)

①   ②   ③

④   ⑤

개념 **38** 다면체의 종류

(1) **각기둥**: 두 밑면은 서로 평행하며 합동인 다각형이고 옆면은 모두 직사각형인 다면체
  ➡ 밑면의 개수: 2개, 옆면의 모양: 직사각형

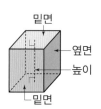

밑면
옆면
높이
밑면

(2) **각뿔**: 밑면은 다각형이고 옆면은 모두 한 꼭짓점에서 모이는 삼각형인 다면체
  ➡ 밑면의 개수: 1개, 옆면의 모양: 삼각형

옆면
높이
밑면

(3) **각뿔대**: 각뿔을 밑면에 평행한 평면으로 자를 때 생기는 두 입체도형 중 각뿔이 아닌 것
  ➡ 밑면의 개수: 2개, 옆면의 모양: 사다리꼴

참고 • 각기둥, 각뿔, 각뿔대는 밑면의 모양에 따라 그 이름이 결정된다.
  • 각기둥과 각뿔대는 면, 모서리, 꼭짓점의 개수가 각각 같다.
  • 각뿔은 면의 개수와 꼭짓점의 개수가 서로 같다.

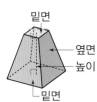

밑면
옆면
높이
밑면

• 정답 및 해설 020쪽

다면체의 종류

01 다음 그림의 입체도형은 몇 면체인지 구하시오.

(1)
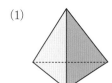
☐면체

(2)

(3)

(4)
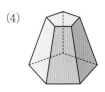

02 다음 그림의 각뿔대의 밑면의 모양과 각뿔대의 이름을 차례로 말하시오.

(1)

☐각형, ☐뿔대

(2)
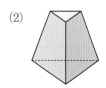

(3)

• 정답 및 해설 020쪽

03 다음 중 다면체에 대한 설명으로 옳은 것에는 ○표, 틀린 것에는 ×표를 쓰시오.

(1) 각뿔의 밑면은 다각형이고 옆면은 모두 삼각형이다.

―――――――――――

(2) 면의 개수가 가장 적은 다면체는 삼면체이다.

―――――――――――

(3) 각뿔대의 밑면의 개수는 1개이다.

―――――――――――

(4) 오각뿔대의 옆면의 모양은 직사각형이다.

―――――――――――

다면체의 면, 모서리, 꼭짓점의 개수

04 다음 표를 완성하시오.

(1)

각기둥	면의 개수	모서리의 개수	꼭짓점의 개수
삼각기둥	5개	9개	6개
사각기둥			
오각기둥			
육각기둥			
n각기둥			

(2)

각뿔	면의 개수	모서리의 개수	꼭짓점의 개수
삼각뿔	4개	6개	4개
사각뿔			
오각뿔			
육각뿔			
n각뿔			

(3)

각뿔대	면의 개수	모서리의 개수	꼭짓점의 개수
삼각뿔대	5개	9개	6개
사각뿔대			
오각뿔대			
육각뿔대			
n각뿔대			

05 다음을 만족시키는 다면체의 이름을 말하시오.

(1) 면의 개수가 10개인 각기둥

―――――――――――

(2) 꼭짓점의 개수가 10개인 각뿔

―――――――――――

(3) 모서리의 개수가 21개인 각뿔대

―――――――――――

⟨⟨⟨⟨• 학교 시험 바로 맛보기 ―――――――

06 면의 개수가 12개인 각뿔대의 모서리의 개수를 x개, 꼭짓점의 개수를 y개라 할 때, $x+y$의 값을 구하시오.

정다면체 / 정다면체의 전개도

(1) 정다면체: 각 면이 모두 합동인 정다각형이고, 각 꼭짓점에 모이는 면의 개수가 같은 다면체

(2) 정다면체의 종류: 정사면체, 정육면체, 정팔면체, 정십이면체, 정이십면체의 5가지뿐이다.

정다면체	정사면체	정육면체	정팔면체	정십이면체	정이십면체
겨냥도	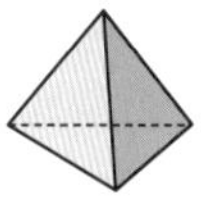	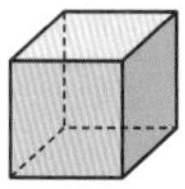	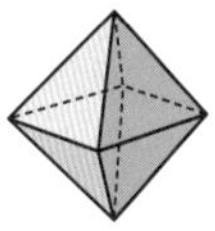	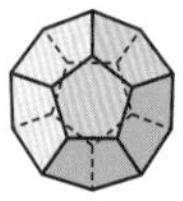	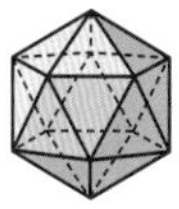
전개도	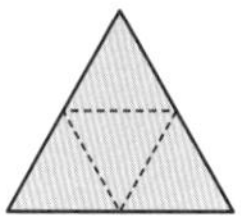	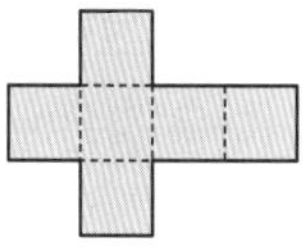	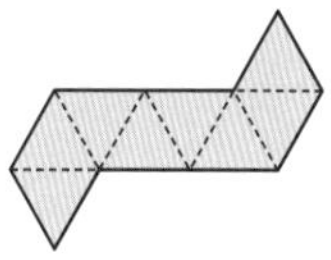	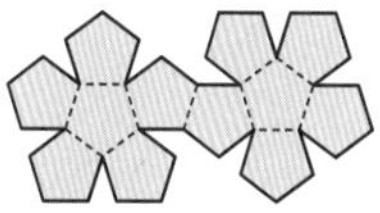	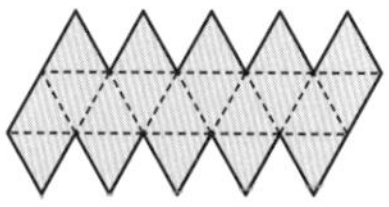

참고 **정다면체가 다섯 가지뿐인 이유**

정다면체는 입체도형이므로

① 한 꼭짓점에 모인 면의 개수가 3개 이상이어야 한다.

② 한 꼭짓점에 모인 각의 크기의 합은 360°보다 작아야 한다.

• 정답 및 해설 020쪽

정다면체의 종류

01 다음 정다면체의 겨냥도를 보고 표를 완성하시오.

정다면체	정사면체	정육면체	정팔면체	정십이면체	정이십면체
겨냥도	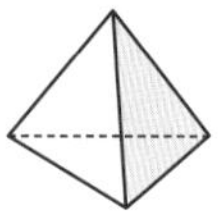	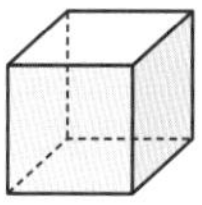	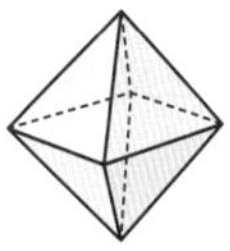	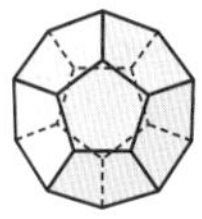	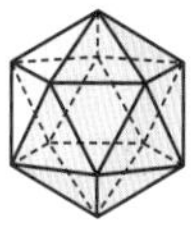
(1) 면의 모양					
(2) 꼭짓점의 개수					
(3) 모서리의 개수					
(4) 면의 개수					
(5) 한 꼭짓점에 모인 면의 개수					

02 다음 중 정다면체에 대한 설명으로 옳은 것에는 ○표, 틀린 것에는 ×표를 쓰시오.

(1) 정다면체의 종류는 6가지이다.

_____

(2) 정다면체는 각 꼭짓점에 모인 면의 개수가 모두 같다.

_____

(3) 정육면체의 꼭짓점의 개수는 12개이다.

_____

(4) 정다면체의 한 면이 될 수 있는 다각형은 정삼각형, 정사각형뿐이다.

_____

(5) 모든 면이 정삼각형으로 이루어진 정다면체는 정사면체, 정팔면체, 정이십면체이다.

_____

(6) 한 꼭짓점에 모인 면의 개수가 4개인 것은 정팔면체이다.

_____

(3)

_____

(4)

_____

(5)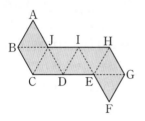

_____

정다면체의 전개도

03 아래 |보기| 중 다음 입체도형의 전개도로 알맞은 것을 고르시오.

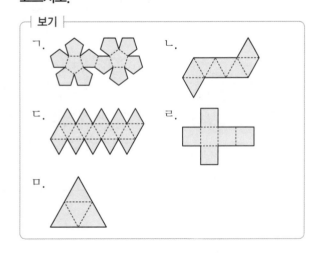

| 보기 |

ㄱ.

ㄴ.

ㄷ.

ㄹ.

ㅁ.

(1)

_____

(2)

_____

---

04 아래 그림의 전개도로 만들어지는 정다면체에 대하여 다음 물음에 답하시오.

(1) 이 정다면체의 이름을 말하시오.

_____

(2) 점 H와 겹치는 꼭짓점을 구하시오.

_____

(3) $\overline{AB}$와 평행한 모서리를 구하시오.

_____

●●●● 학교 시험 **바로** 맛보기

05 다음 |조건|을 모두 만족시키는 입체도형의 꼭짓점의 개수를 구하시오.

| 조건 |

(가) 모든 면은 합동인 정다각형이다.

(나) 각 꼭짓점에 모인 면의 개수는 5개이다.

개념 **40** 회전체

(1) **회전체**: 평면도형을 한 직선을 축으로 하여 1회전 시킬 때 생기는 입체도형

　① **회전축**: 회전시킬 때 축으로 사용한 직선

　② **모선**: 회전할 때 옆면을 만드는 선분

(2) **원뿔대**: 원뿔을 밑면에 평행한 평면으로 자를 때 생기는 두 입체도형 중 원뿔이 아닌 것

(3) **회전체의 종류**

원기둥	원뿔	원뿔대	구

참고 구의 옆면을 만드는 것은 곡선이므로 구에서는 모선을 생각하지 않는다.

• 정답 및 해설 020쪽

회전체

01 다음 입체도형 중 회전체인 것에는 ○표, 회전체가 아닌 것에는 ×표를 쓰시오.

(1)

_____

(2)

_____

(3)
_____

(4)

_____

(5)

_____

(6)

_____

(7)

_____

회전체 그리기

02 다음 그림과 같은 평면도형을 직선 *l*을 회전축으로 하여 1회전 시킬 때 생기는 입체도형의 겨냥도를 그리시오.

(1) 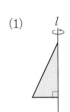 →

(2) 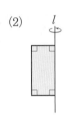 →

(3) 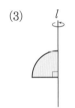 →

(4) 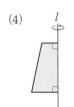 →

(5) 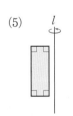 →

03 다음 그림과 같은 평면도형과 그 평면도형을 직선 *l*을 회전축으로 하여 1회전 시킬 때 생기는 입체도형의 겨냥도를 선으로 연결하시오.

(1)
•
ㄱ.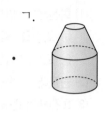
•

(2)
•
ㄴ.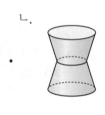
•

(3)
•
ㄷ.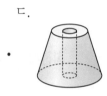
•

학교 시험 **바로** 맛보기

04 다음 입체도형 중 회전체가 <u>아닌</u> 것을 모두 고르면?
(정답 2개)

① 구   ② 오각기둥   ③ 원기둥

④ 정육면체   ⑤ 원뿔대

개념 41 회전체의 성질

(1) 회전체를 회전축에 수직인 평면으로 자를 때 생기는 단면은 항상 원이다.

원기둥	원뿔	원뿔대	구

(2) 회전체를 회전축을 포함하는 평면으로 자를 때 생기는 단면은 모두 합동이고, 회전축에 대하여 선대칭도형이다.

원기둥	원뿔	원뿔대	구
직사각형	이등변 삼각형	사다리꼴	원

참고 **구의 성질**

　① 어느 방향으로 잘라도 그 단면이 항상 원이고, 중심을 지나는 평면으로 잘랐을 때 그 단면이 가장 크다.

　② 회전축이 무수히 많다.

• 정답 및 해설 021쪽

회전체의 단면

01 다음 그림과 같은 회전체를 회전축에 수직인 평면과 회전축을 포함하는 평면으로 자를 때 생기는 단면의 모양을 각각 말하시오.

(1) 원기둥

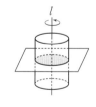 

――――――――――　　――――――――――

(2) 원뿔

――――――――――　　――――――――――

(3) 원뿔대

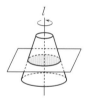 

――――――――――　　――――――――――

(4) 구

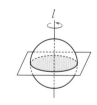 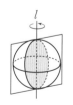

――――――――――　　――――――――――

02 다음 그림과 같은 그림과 같은 회전체를 회전축을 포함하는 평면으로 자를 때 생기는 단면의 모양을 그리시오.

(1)
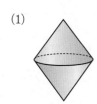 

(2)

(3)

(4)
 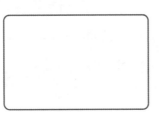

(5)

03 아래 회전체를 평면 ①~③으로 잘랐을 때 생기는 단면의 모양을 다음 |보기|에서 고르시오.

(1)
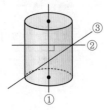

| 보기 |

ㄱ. ㄴ. ㄷ.

① _____ ② _____ ③ _____

(2)

| 보기 |

ㄱ. ㄴ. ㄷ.

① _____ ② _____ ③ _____

(3)
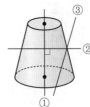

| 보기 |

ㄱ. ㄴ. ㄷ.

① _____ ② _____ ③ _____

04 다음 중 회전체에 대한 설명으로 옳은 것에는 ○표, 틀린 것에는 ×표를 쓰시오.

(1) 모든 회전체의 회전축은 1개뿐이다.

_____

(2) 회전체를 회전축을 포함하는 평면으로 자르면 그 단면은 회전축을 대칭축으로 하는 선대칭도형이다.

_____

(3) 원뿔을 회전축을 포함하는 평면으로 자를 때 생기는 단면은 직각삼각형이다.

_____

(4) 구를 회전축에 수직인 평면으로 자를 때와 회전축을 포함하는 평면으로 자를 때의 단면은 모두 원이다.

_____

(2)

_____

(3)

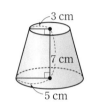 

_____

(4)

_____

회전체의 단면의 넓이

05 다음 그림과 같은 회전체를 회전축을 포함한 평면으로 잘랐을 때의 단면을 그리고, 그 단면의 넓이를 구하시오.

(1)

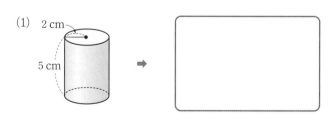

(풀이) (단면의 넓이)=☐×5=☐(cm²)

06 오른쪽 그림과 같은 직사각형을 직선 *l*을 회전축으로 하여 1회전 시킬 때 생기는 입체도형을 회전축에 수직인 평면으로 자른 단면의 넓이는?

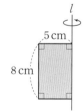

① 20π cm²   ② 25π cm²

③ 30π cm²   ④ 54π cm²

⑤ 80π cm²

회전체의 전개도

회전체	원기둥	원뿔	원뿔대
겨냥도	A / 모선 / B	A / 모선 / B	A / 모선 / B
전개도	A 밑면 A / 모선 / 옆면 / B 밑면 B	A / 모선 / B / 옆면 / 밑면	밑면 / A 모선 A / B B / 옆면 / 밑면

(1) 원기둥의 전개도에서 옆면인 직사각형의 가로의 길이는 밑면인 원의 둘레의 길이와 같다.

(2) 원뿔의 전개도에서 옆면인 부채꼴의 호의 길이는 밑면인 원의 둘레의 길이와 같다.

(3) 원뿔대의 전개도에서 옆면은 부채꼴의 일부분이며 두 호의 길이는 각각 밑면인 원의 둘레의 길이와 같다.

참고 구의 전개도는 그릴 수 없다.

원기둥의 전개도

01 다음 그림과 같은 원기둥과 그 전개도를 보고 □ 안에 알맞은 것을 쓰시오.

(1)

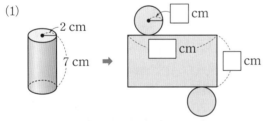

2 cm / 7 cm ➡ □ cm / □ cm / □ cm

> 풀이 ❶ (옆면인 직사각형의 가로의 길이)
> = (밑면인 원의 둘레의 길이)
> = $2\pi \times$ □ = □ (cm)
> ❷ (옆면인 직사각형의 세로의 길이)
> = (원기둥의 □ 의 길이) = □ cm

(2)

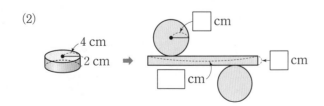

4 cm / 2 cm ➡ □ cm / □ cm / □ cm

(3)

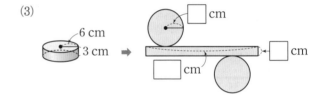

6 cm / 3 cm ➡ □ cm / □ cm / □ cm

(4)

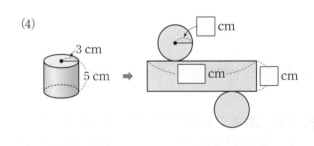

3 cm / 5 cm ➡ □ cm / □ cm / □ cm

(5)

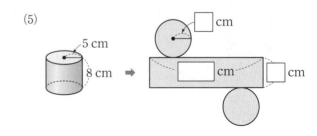

5 cm / 8 cm ➡ □ cm / □ cm / □ cm

원뿔의 전개도

02 다음 그림과 같은 원뿔과 그 전개도를 보고 □ 안에 알맞은 것을 쓰시오.

(1)

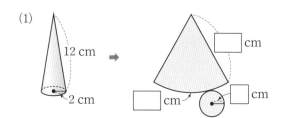

> **풀이** ❶ (옆면인 부채꼴의 반지름의 길이)
> = (원뿔의 □의 길이)
> = □ (cm)
> ❷ (옆면인 부채꼴의 호의 길이)
> = (밑면인 원의 □의 길이)
> = 2π × □ = □ (cm)

(2)

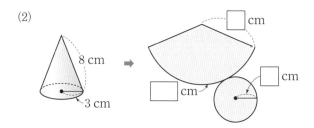

(3)

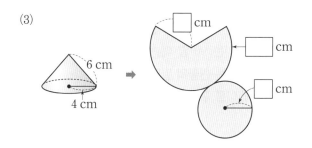

원뿔대의 전개도

03 다음 그림과 같은 원뿔대와 그 전개도를 보고 곡선 ㉠, ㉡의 길이를 각각 구하시오.

(1)

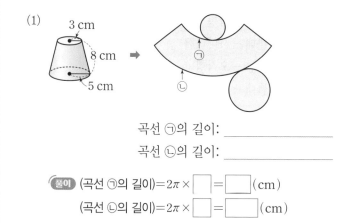

곡선 ㉠의 길이: _____

곡선 ㉡의 길이: _____

> **풀이** (곡선 ㉠의 길이) = 2π × □ = □ (cm)
> (곡선 ㉡의 길이) = 2π × □ = □ (cm)

(2)

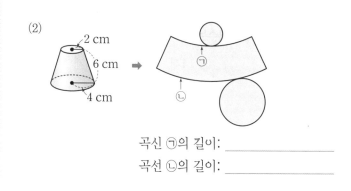

곡선 ㉠의 길이: _____

곡선 ㉡의 길이: _____

●●●● 학교 시험 **바로** 맛보기

04 오른쪽 그림과 같은 원기둥의 전개도에서 옆면인 직사각형의 넓이를 구하시오.

기본기 탄탄 문제 ^{개념} 37 ~ 42

1 다음 중 다면체와 그 옆면의 모양이 바르게 짝 지어진 것을 모두 고르면? (정답 2개)

① 사각뿔 – 사각형
② 사각뿔대 – 사다리꼴
③ 오각기둥 – 오각형
④ 삼각뿔대 – 삼각형
⑤ 칠각뿔 – 삼각형

2 내각의 크기의 합이 $720°$인 다각형을 밑면으로 하는 각뿔대의 모서리의 개수는?

① 10개   ② 14개   ③ 16개
④ 18개   ⑤ 21개

3 다음 중 옳은 것을 모두 고르면? (정답 2개)

① 정사면체의 모서리의 개수는 4개이다.
② 정팔면체의 꼭짓점의 개수는 4개이다.
③ 정육면체의 한 꼭짓점에서 만나는 면 개수는 3개이다.
④ 정이십면체를 이루는 면의 모양은 정오각형이다.
⑤ 정다면체를 이루는 면의 모양은 정삼각형, 정사각형, 정오각형뿐이다.

4 오른쪽 그림의 회전체는 다음 중 어느 평면도형을 직선 l을 회전축으로 하여 1회전 시킨 것인가?

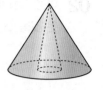

 ①
 ②

 ③
 ④
 ⑤

5 오른쪽 그림과 같은 원뿔을 밑면에 수직인 평면으로 자를 때 생기는 단면 중 넓이가 가장 큰 단면의 넓이를 구하시오.

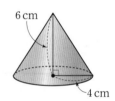

6 cm
4 cm

6 오른쪽 그림과 같은 전개도에서 옆면인 부채꼴의 반지름의 길이는 $8\,cm$, 중심각의 크기는 $90°$일 때, 이 전개도로 만들어지는 원뿔의 밑면인 원의 반지름의 길이를 구하시오.

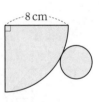

8 cm

(1) 각기둥의 겉넓이

(각기둥의 겉넓이)=(밑넓이)×2+(옆넓이)

이때 (옆넓이)=(밑면의 둘레의 길이)×(높이)

└→ 옆면(직사각형)의   └→ 옆면(직사각형)의
　　가로의 길이　　　　　　세로의 길이

(2) 원기둥의 겉넓이

① (원기둥의 겉넓이)=(밑넓이)×2+(옆넓이)

이때 (옆넓이)=(밑면의 둘레의 길이)×(높이)

└→ 옆면(직사각형)의   └→ 옆면(직사각형)의
　　가로의 길이　　　　　　세로의 길이

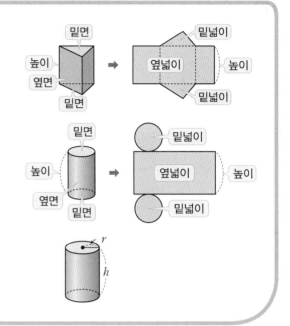

② 밑면의 반지름의 길이가 r, 높이가 h인 원기둥의 겉넓이 S는

➡ $S=2\pi r^2+2\pi rh$

$\underbrace{}_{(밑넓이)\times2}$ $\underbrace{}_{옆넓이}$

• 정답 및 해설 022쪽

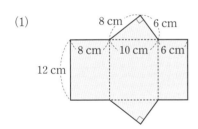

전개도를 보고 각기둥의 겉넓이 구하기

01 다음 그림과 같은 각기둥의 전개도를 보고 각기둥의 겉넓이를 구하시오.

(1)
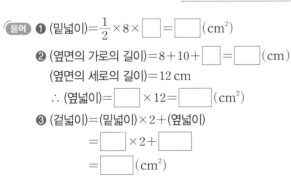

_____

(풀이) ❶ (밑넓이)=$\frac{1}{2}×8×$ ☐ = ☐ (cm²)

❷ (옆면의 가로의 길이)=8+10+ ☐ = ☐ (cm)

(옆면의 세로의 길이)=12 cm

∴ (옆넓이)= ☐ ×12= ☐ (cm²)

❸ (겉넓이)=(밑넓이)×2+(옆넓이)

= ☐ ×2+ ☐

= ☐ (cm²)

(2)
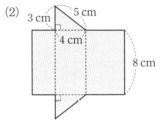

_____

(3)
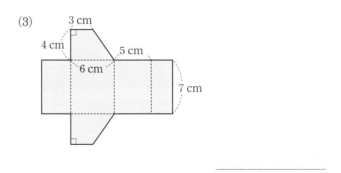

_____

각기둥의 겉넓이

02 다음 그림과 같은 각기둥의 밑넓이, 옆넓이, 겉넓이를 각각 구하시오.

(1)

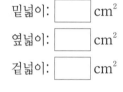

밑넓이: ☐ cm²

옆넓이: ☐ cm²

겉넓이: ☐ cm²

(2)

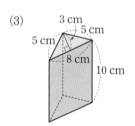

밑넓이: ☐ cm²

옆넓이: ☐ cm²

겉넓이: ☐ cm²

(3)

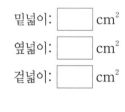

밑넓이: ☐ cm²

옆넓이: ☐ cm²

겉넓이: ☐ cm²

(4)

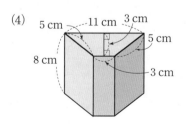

밑넓이: ☐ cm²

옆넓이: ☐ cm²

겉넓이: ☐ cm²

03 다음 그림과 같은 각기둥의 겉넓이를 구하시오.

(1)

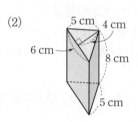

_____

(2)

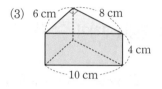

_____

(3)

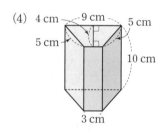

_____

(4)

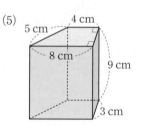

_____

(5)

_____

전개도를 보고 원기둥의 겉넓이 구하기

04 다음 그림과 같은 기둥의 전개도를 보고 기둥의 겉넓이를 구하시오.

(1)

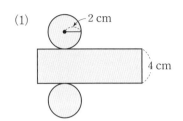

풀이 ❶ (밑넓이)$=\pi\times\boxed{}^2=\boxed{}$ (cm^2)

　　 ❷ (옆면의 가로의 길이)$=2\pi\times\boxed{}=\boxed{}$ (cm)

　　　 (옆면의 세로의 길이)$=4$ cm

　　　 ∴ (옆넓이)$=\boxed{}\times4=\boxed{}$ (cm^2)

　　 ❸ (겉넓이)$=$(밑넓이)$\times2+$(옆넓이)

　　　　　 $=\boxed{}\times2+\boxed{}$

　　　　　 $=\boxed{}$ (cm^2)

(2)

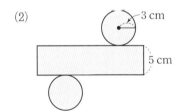

(3)

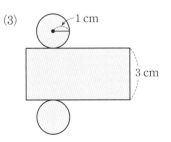

(4)

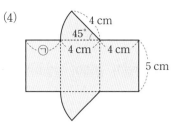

풀이 ❶ (밑넓이)$=\pi\times\boxed{}^2\times\dfrac{\boxed{}}{360}=\boxed{}$ (cm^2)

　　 ❷ (㉠의 길이)$=2\pi\times\boxed{}\times\dfrac{\boxed{}}{360}=\boxed{}$ (cm)

　　 ❸ (옆면의 가로의 길이)$=\boxed{}+4+4$

　　　　　　　　　　　　 $=\boxed{}$ (cm)

　　　 (옆면의 세로의 길이)$=5$ cm

　　　 ∴ (옆넓이)$=(\boxed{})\times5=\boxed{}$ (cm^2)

　　 ❹ (겉넓이)$=$(밑넓이)$\times2+$(옆넓이)

　　　　　 $=\boxed{}\times2+\boxed{}$

　　　　　 $=\boxed{}$ (cm^2)

(5)

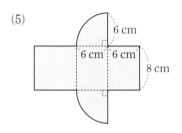

(6)

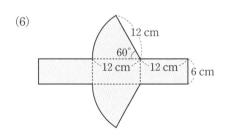

원기둥의 겉넓이

05 다음 그림과 같은 기둥의 밑넓이, 옆넓이, 겉넓이를 각각 구하시오.

(1)

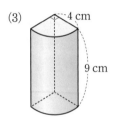

밑넓이: ☐ cm²

옆넓이: ☐ cm²

겉넓이: ☐ cm²

(2)

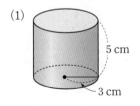

밑넓이: ☐ cm²

옆넓이: ☐ cm²

겉넓이: ☐ cm²

(3)

밑넓이: ☐ cm²

옆넓이: ☐ cm²

겉넓이: ☐ cm²

(2)

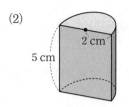

———————————

(3)

120°

8 cm

6 cm

———————————

(4)

270°

8 cm

6 cm

———————————

06 다음 그림과 같은 기둥의 겉넓이를 구하시오.

(1)

5 cm

3 cm

———————————

학교 시험 **바로** 맛보기

07 밑면의 둘레의 길이가 10π cm이고 높이가 6 cm인 원기둥의 겉넓이는?

① 100π cm²   ② 110π cm²   ③ 112π cm²

④ 124π cm²   ⑤ 136π cm²

개념 44 기둥의 부피

(1) 각기둥의 부피

　① (각기둥의 부피)＝(밑넓이)×(높이)

　② 밑넓이가 S, 높이가 h인 각기둥의 부피 V는

　　➡ $V=Sh$

(2) 원기둥의 부피

　① (원기둥의 부피)＝(밑넓이)×(높이)

　② 밑면의 반지름의 길이가 r, 높이가 h인 원기둥의 부피 V는

　　➡ $V=\pi r^2 h$
　　　　└→ 밑넓이

· 정답 및 해설 023쪽

각기둥의 부피

01 다음 그림과 같은 각기둥의 밑넓이, 높이, 부피를 각각 구하시오.

(1)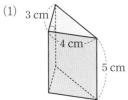

밑넓이: ☐ cm²

높이: ☐ cm

부피: ☐ cm³

풀이 ❶ (밑넓이)＝$\dfrac{1}{2}×4×3=$ ☐ (cm²)

❷ (높이)＝ ☐ cm

❸ (부피)＝ ☐ × ☐ ＝ ☐ (cm³)

(2)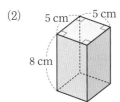

밑넓이: ☐ cm²

높이: ☐ cm

부피: ☐ cm³

02 다음 그림과 같은 각기둥의 부피를 구하시오.

(1)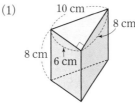

_____

(2)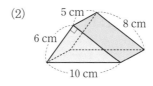

_____

(3)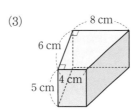

_____

4. 입체도형의 성질 • 109

• 정답 및 해설 023쪽

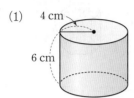 **원기둥의 부피**

03 다음 그림과 같은 기둥의 밑넓이, 높이, 부피를 각각 구하시오.

(1)

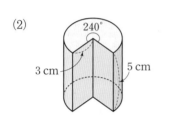

밑넓이: ☐ cm²

높이: ☐ cm

부피: ☐ cm³

풀이 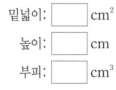 ❶ (밑넓이)=$\pi \times$ ☐² = ☐ (cm²)

❷ (높이)= ☐ cm

❸ (부피)= ☐ × ☐ = ☐ (cm³)

(2)

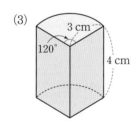

밑넓이: ☐ cm²

높이: ☐ cm

부피: ☐ cm³

풀이 ❶ (밑넓이)=$\pi \times$ ☐² × $\dfrac{☐}{360}$

= ☐ (cm²)

❷ (높이)= ☐ cm

❸ (부피)= ☐ × ☐ = ☐ (cm³)

(3)

밑넓이: ☐ cm²

높이: ☐ cm

부피: ☐ cm³

04 다음 그림과 같은 기둥의 부피를 구하시오.

(1)

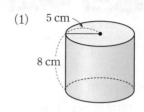

_____

(2)

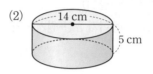

_____

(3)

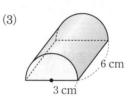

_____

(4)

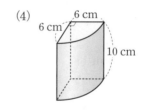

_____

학교 시험 **바로** 맛보기

05 오른쪽 그림과 같은 사각형을 밑면으로 하는 사각기둥의 높이가 6 cm일 때, 이 사각기둥의 부피는?

① 50 cm³　　② 75 cm³

③ 100 cm³　　④ 125 cm³

⑤ 150 cm³

(1) **구멍이 뚫린 기둥의 겉넓이**

(밑넓이)＝(큰 기둥의 밑넓이)－(작은 기둥의 밑넓이)

(옆넓이)＝(큰 기둥의 옆넓이)＋(작은 기둥의 옆넓이)

∴ (겉넓이)＝(밑넓이)×2＋(옆넓이)

(2) **구멍이 뚫린 기둥의 부피**

(부피)＝(큰 기둥의 부피)－(작은 기둥의 부피)

• 정답 및 해설 024쪽

구멍이 뚫린 기둥의 겉넓이와 부피

01 다음 그림과 같이 구멍이 뚫린 기둥을 보고 물음에 답하시오.

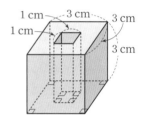

(1) 구멍이 뚫린 기둥의 겉넓이를 구하시오.
_____

풀이 ❶ (밑넓이)＝3×3－□×□＝□(cm²)

❷ (옆넓이)＝(3＋3＋3＋3)×□

＋(1＋1＋1＋1)×□

＝□(cm²)

❸ (구멍이 뚫린 기둥의 겉넓이)＝□×2＋□

＝□(cm²)

(2) 구멍이 뚫린 기둥의 부피를 구하시오.
_____

풀이 ❶ (큰 각기둥의 부피)＝3×3×□＝□(cm³)

❷ (작은 각기둥의 부피)＝1×1×□＝□(cm³)

❸ (구멍이 뚫린 기둥의 부피)＝□－□

＝□(cm³)

02 다음 그림과 같이 구멍이 뚫린 기둥을 보고 물음에 답하시오.

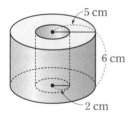

(1) 구멍이 뚫린 기둥의 겉넓이를 구하시오.
_____

풀이 ❶ (밑넓이)＝π×□²－π×□²

＝□(cm²)

❷ (옆넓이)＝2π×□×6＋2π×2×□

＝□(cm²)

❸ (구멍이 뚫린 기둥의 겉넓이)＝□×2＋□

＝□(cm²)

(2) 구멍이 뚫린 기둥의 부피를 구하시오.
_____

풀이 ❶ (큰 원기둥의 부피)＝π×□²×6

＝□(cm³)

❷ (작은 원기둥의 부피)＝π×□²×6

＝□(cm³)

❸ (구멍이 뚫린 기둥의 부피)＝□－□

＝□(cm³)

03 다음 그림과 같이 구멍이 뚫린 기둥의 겉넓이와 부피를 각각 구하시오.

(1)

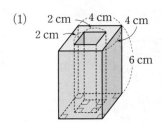

겉넓이: _____

부피: _____

(2)

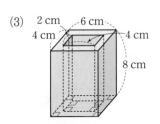

겉넓이: _____

부피: _____

(3)

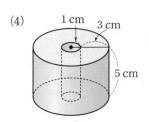

겉넓이: _____

부피: _____

(4)

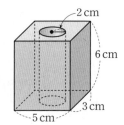

겉넓이: _____

부피: _____

(5)

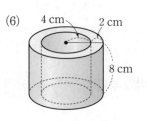

겉넓이: _____

부피: _____

(6)

겉넓이: _____

부피: _____

04 오른쪽 그림의 입체도형은 밑면이 직사각형인 사각기둥에서 원기둥 모양의 구멍이 뚫린 것이다. 이 입체도형의 부피는?

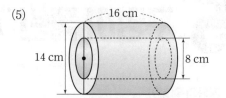

① $(15-4\pi)\,cm^3$

② $(45-12\pi)\,cm^3$

③ $90\pi\,cm^3$

④ $(90-24\pi)\,cm^3$

⑤ $150\pi\,cm^3$

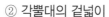

개념 46 뿔의 겉넓이

(1) 각뿔의 겉넓이

① 각뿔의 겉넓이

(각뿔의 겉넓이)=(밑넓이)+(옆넓이)

② 각뿔대의 겉넓이

(각뿔대의 겉넓이)=(두 밑넓이의 합)+(옆넓이)

참고 (밑넓이)=(큰 밑면의 넓이)+(작은 밑면의 넓이)

(옆넓이)=(옆면인 사다리꼴의 넓이의 합)

(2) 원뿔의 겉넓이

① 원뿔의 겉넓이

밑면의 반지름의 길이가 r, 모선의 길이가 l인 원뿔의 겉넓이를 S라 하면

$S=$(밑넓이)+(옆넓이)

$\quad =\pi r^2+\dfrac{1}{2}\times l\times 2\pi r$

$\quad =\pi r^2+\pi rl$ ⟶ (부채꼴의 넓이)=$\dfrac{1}{2}\times$(반지름의 길이)$\times$(호의 길이)

② 원뿔대의 겉넓이

(원뿔대의 겉넓이)=(두 밑넓이의 합)+(옆넓이)

참고 (밑넓이)=(큰 밑면의 넓이)+(작은 밑면의 넓이)

(옆넓이)=(큰 부채꼴의 넓이)−(작은 부채꼴의 넓이)

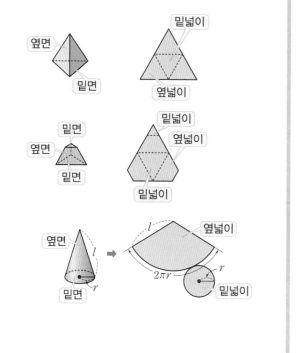

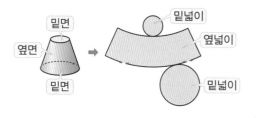

• 정답 및 해설 024쪽

전개도를 보고 각뿔의 겉넓이 구하기

01 다음 그림과 같은 각뿔의 전개도를 보고 각뿔의 겉넓이를 구하시오.

(1)

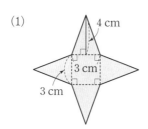

(2)

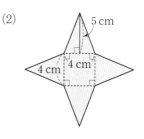

풀이 ❶ (밑넓이)=$3\times 3=$ ☐ (cm^2)

❷ (옆넓이)=$\left(\dfrac{1}{2}\times 3\times 4\right)\times$ ☐ $=$ ☐ (cm^2)

❸ (겉넓이)= ☐ $+$ ☐ $=$ ☐ (cm^2)

각뿔의 겉넓이

02 다음 그림과 같은 각뿔의 밑넓이, 옆넓이, 겉넓이를 각각 구하시오.

(1)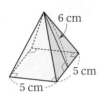

밑넓이: ☐ cm²

옆넓이: ☐ cm²

겉넓이: ☐ cm²

풀이 ❶ (밑넓이)=☐×☐=☐(cm²)

❷ (옆넓이)=$\left(\frac{1}{2}×5×☐\right)×☐$

=☐(cm²)

❸ (겉넓이)=☐+☐=☐(cm²)

(2)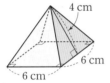

밑넓이: ☐ cm²

옆넓이: ☐ cm²

겉넓이: ☐ cm²

03 다음 그림과 같은 각뿔의 겉넓이를 구하시오.

(1)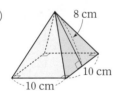

———————

(2)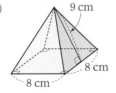

———————

각뿔대의 겉넓이

04 다음 그림과 같은 각뿔대의 겉넓이를 구하시오.

(1)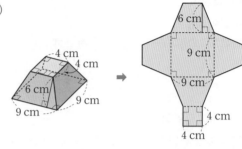

———————

풀이 ❶ (밑넓이)=4×4+9×9=☐(cm²)

❷ (옆넓이)=$\left\{\frac{1}{2}×(4+9)×6\right\}×☐$

=☐(cm²)

❸ (겉넓이)=☐+☐=☐(cm²)

(2)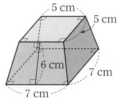

———————

(3)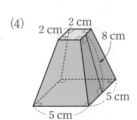

———————

(4)

———————

전개도를 보고 원뿔의 겉넓이 구하기

05 다음 그림과 같은 원뿔의 전개도를 보고 원뿔의 겉넓이를 구하시오.

(1)
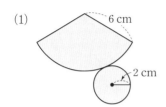

풀이 ❶ (밑넓이)$=\pi \times 2^2=$ ☐ (cm^2)

❷ (옆넓이)$=\pi \times 2 \times$ ☐ $=$ ☐ (cm^2)

❸ (겉넓이)$=$ ☐ $+$ ☐ $-$ ☐ (cm^2)

(2)
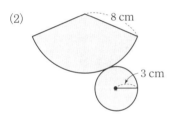

(3)
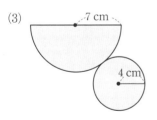

원뿔의 겉넓이

06 다음 그림과 같은 원뿔의 밑넓이, 옆넓이, 겉넓이를 각각 구하시오.

(1)
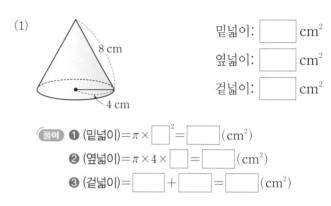

밑넓이: ☐ cm^2
옆넓이: ☐ cm^2
겉넓이: ☐ cm^2

풀이 ❶ (밑넓이)$=\pi \times$ ☐ $^2=$ ☐ (cm^2)

❷ (옆넓이)$=\pi \times 4 \times$ ☐ $=$ ☐ (cm^2)

❸ (겉넓이)$=$ ☐ $+$ ☐ $=$ ☐ (cm^2)

(2)

밑넓이: ☐ cm^2
옆넓이: ☐ cm^2
겉넓이: ☐ cm^2

풀이 ❶ (밑넓이)$=\pi \times$ ☐ $^2=$ ☐ (cm^2)

❷ (옆넓이)$=\pi \times 7 \times$ ☐ $=$ ☐ (cm^2)

❸ (겉넓이)$=$ ☐ $+$ ☐ $=$ ☐ (cm^2)

07 다음 그림과 같은 원뿔의 겉넓이를 구하시오.

(1)
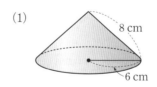

(2)
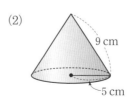

(3)

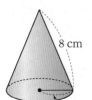

(3)

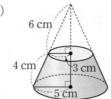

(4)

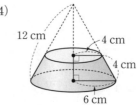

원뿔대의 겉넓이 교과서UP

08 다음 그림과 같은 원뿔대의 겉넓이를 구하시오.

(1)

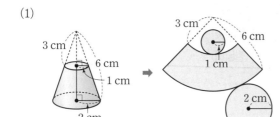

풀이 ❶ (밑넓이)$=\pi\times1^2+\pi\times2^2=$ ☐ (cm^2)

❷ (옆넓이)$=\pi\times2\times$ ☐ $-\pi\times1\times$ ☐

$=$ ☐ (cm^2)

❸ (겉넓이)$=$ ☐ $+$ ☐ $=$ ☐ (cm^2)

(2)

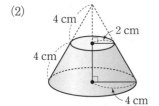

학교 시험 바로 맛보기

09 오른쪽 그림은 밑면이 한 변의 길이가 $6\,cm$인 정사각형이고 옆면이 모두 합동인 이등변삼각형으로 이루어진 사각뿔이다. 이 사각뿔의 겉넓이가 $132\,cm^2$일 때, h의 값을 구하시오.

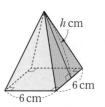

개념 47 뿔의 부피

(1) 각뿔의 부피

밑넓이가 S, 높이가 h인 각뿔의 부피 V는

➡ $V = \dfrac{1}{3} \times$ (각기둥의 부피)

$\quad = \dfrac{1}{3} \times$ (밑넓이) $\times$ (높이) $= \dfrac{1}{3}Sh$

(2) 원뿔의 부피

밑면의 반지름의 길이가 r, 높이가 h인 원뿔의 부피 V는

➡ $V = \dfrac{1}{3} \times$ (원기둥의 부피)

$\quad = \dfrac{1}{3} \times$ (밑넓이) $\times$ (높이) $= \dfrac{1}{3}\pi r^2 h$

・정답 및 해설 025쪽

각뿔의 부피

01 다음 그림과 같은 각뿔의 부피를 구하시오.

(1)

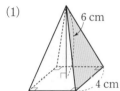

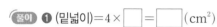

풀이 ❶ (밑넓이)$=4 \times \boxed{} = \boxed{}$ (cm²)

❷ (높이)$=\boxed{}$ cm

❸ (부피)$=\dfrac{1}{3} \times \boxed{} \times \boxed{} = \boxed{}$ (cm³)

(2)

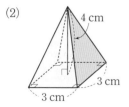

(3)

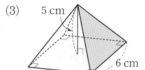

(4)

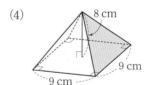

(5)

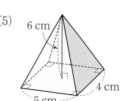

원뿔의 부피

02 다음 그림과 같은 원뿔의 부피를 구하시오.

(1)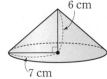
6 cm
7 cm

풀이 ❶ (밑넓이)$=\pi\times\boxed{}^2=\boxed{}$($cm^2$)

❷ (높이)$=\boxed{}$ cm

❸ (부피)$=\dfrac{1}{3}\times\boxed{}\times\boxed{}=\boxed{}$($cm^3$)

(2)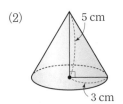
5 cm
3 cm

(3)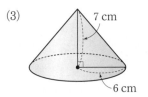
7 cm
6 cm

(4)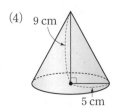
9 cm
5 cm

(5)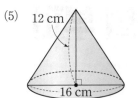
12 cm
16 cm

풀이 ❶ (밑넓이)$=\pi\times\boxed{}^2=\boxed{}$($cm^2$)

❷ (높이)$=\boxed{}$ cm

❸ (부피)$=\dfrac{1}{3}\times\boxed{}\times\boxed{}=\boxed{}$($cm^3$)

(6)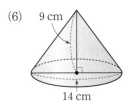
9 cm
14 cm

(7)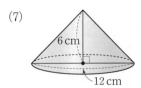
6 cm
12 cm

각뿔대와 원뿔대의 부피　교과서UP

03 다음 그림과 같은 각뿔대의 부피를 구하시오.

(1)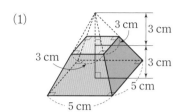

풀이 ❶ (큰 뿔의 부피)$=\dfrac{1}{3}\times \square^2 \times 6=\square$ (cm^3)

❷ (작은 뿔의 부피)$=\dfrac{1}{3}\times \square^2 \times 3=\square$ (cm^3)

❸ (각뿔대이 부피)$=\square - \square=\square$ (cm^3)

(2)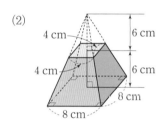

(3)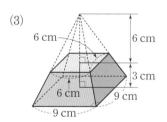

04 다음 그림과 같은 원뿔의 부피를 구하시오.

(1)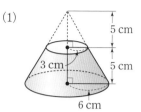

풀이 ❶ (큰 뿔의 부피)$=\dfrac{1}{3}\times \pi \times \square^2 \times 10$

$=\square$ (cm^3)

❷ (작은 뿔의 부피)$=\dfrac{1}{3}\times \pi \times \square^2 \times 5$

$=\square$ (cm^3)

❸ (원뿔대의 부피)$=\square - \square$

$=\square$ (cm^3)

(2)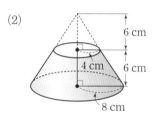

(3)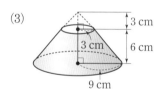

🔵🔵🔵🔵 학교 시험 바로 맛보기 🔴

05 오른쪽 그림과 같은 삼각뿔의 부피가 $20\,cm^3$일 때, 이 삼각뿔의 높이를 구하시오.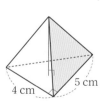

개념 48 구의 겉넓이

반지름의 길이가 r인 구의 겉넓이 S는
➡ $S = 4\pi r^2$

구의 겉넓이

01 다음 그림과 같은 구의 겉넓이를 구하시오.

(1)

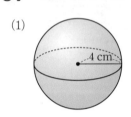

> 풀이 (겉넓이)$= 4\pi \times \boxed{}^2 = \boxed{}$ (cm²)

(2)

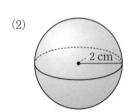

(3)

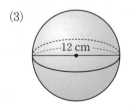

02 다음 그림과 같은 반구의 겉넓이를 구하시오.

(1)

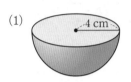

> 풀이 ❶ (단면의 넓이)$= \pi \times 4^2 = \boxed{}$ (cm²)
>
> ❷ (곡면의 넓이)$= 4\pi \times \boxed{}^2 \times \dfrac{1}{2} = \boxed{}$ (cm²)
>
> ❸ (겉넓이)$= \boxed{} + \boxed{} = \boxed{}$ (cm²)

(2)

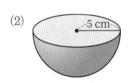

(3)

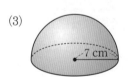

03 다음 그림과 같은 입체도형의 겉넓이를 구하시오.

(1)

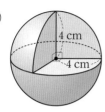

4 cm
4 cm

 풀이 ❶ 곡면의 넓이는 구의 겉넓이의 $\dfrac{7}{8}$이므로

$$4\pi \times \boxed{}^2 \times \dfrac{7}{8} = \boxed{}\,(\text{cm}^2)$$

❷ 단면의 넓이는 사분원 3개의 넓이의 합과 같으므로

$$\left(\pi \times \boxed{}^2 \times \dfrac{1}{4}\right) \times 3 = \boxed{}\,(\text{cm}^2)$$

❸ (겉넓이)$=\boxed{} + \boxed{} = \boxed{}\,(\text{cm}^2)$

(2)

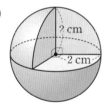

2 cm
2 cm

(3)

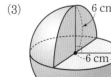

6 cm
6 cm

04 다음 그림과 같은 입체도형의 겉넓이를 구하시오.

(1)

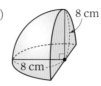

8 cm
8 cm

(2)

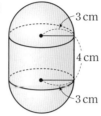

3 cm
4 cm
3 cm

▬▬▬▬ 학교 시험 **바로** 맛보기 ▬▬▬▬

05 반지름의 길이가 6 cm인 구와 3 cm인 구의 겉넓이의 비는?

① 3 : 1   ② 4 : 1   ③ 2 : 1
④ 3 : 2   ⑤ 4 : 3

개념 49 구의 부피

반지름의 길이가 r인 구의 부피 V는

➡ $V = \dfrac{4}{3}\pi r^3$

• 정답 및 해설 026쪽

구의 부피

01 다음 그림과 같은 입체도형의 부피를 구하시오.

(1)

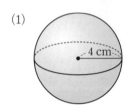

4 cm

풀이 (부피)$= \dfrac{4}{3}\pi \times \boxed{}^3 = \boxed{}$ (cm³)

(2)

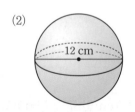

12 cm

(3)

2 cm

(4)

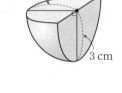

3 cm

3 cm

(5)

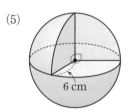

6 cm

학교 시험 바로 맛보기

02 오른쪽 그림은 반구와 원기둥을 붙여서 만든 입체도형이다. 이 입체도형의 부피를 구하시오.

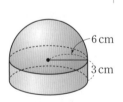

6 cm

3 cm

기본기 탄탄 문제 개념 43~49

1 겉넓이가 $216 \, cm^2$인 정육면체의 한 모서리의 길이를 구하시오.

4 오른쪽 그림과 같은 전개도로 만든 원뿔의 겉넓이를 구하시오.

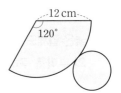

2 다음 그림과 같은 두 원기둥 A, B의 부피가 서로 같을 때, 원기둥 B의 높이를 구하시오.

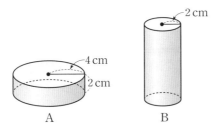

A   B

5 오른쪽 그림과 같은 원뿔대의 옆넓이는?

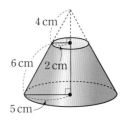

① $42\pi \, cm^2$

② $62\pi \, cm^2$

③ $71\pi \, cm^2$

④ $75\pi \, cm^2$

⑤ $82\pi \, cm^2$

3 오른쪽 그림과 같이 밑면의 반지름의 길이가 $4 \, cm$인 원뿔의 겉넓이가 $48\pi \, cm^2$일 때, 이 원뿔의 모선의 길이는?

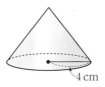

① 7 cm   ② 8 cm

③ 9 cm   ④ 10 cm

⑤ 12 cm

6 오른쪽 그림과 같은 사각형을 밑면으로 하고 높이가 $12 \, cm$인 사각뿔의 부피는?

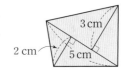

① $20 \, cm^3$ ② $30 \, cm^3$ ③ $50 \, cm^3$

④ $60 \, cm^3$ ⑤ $80 \, cm^3$

7 오른쪽 그림은 밑면의 반지름의 길이가 6 cm이고 높이가 각각 6 cm, 3 cm인 원뿔 2개를 붙여 놓은 입체도형이다. 이 입체도형의 부피를 구하시오.

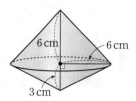

8 오른쪽 그림과 같이 밑면이 직사각형인 사각뿔대의 부피를 구하시오.

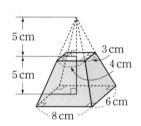

9 겉넓이가 16π cm^{2}인 구의 부피는?

① $\dfrac{8}{3}\pi$ cm^3 ② $\dfrac{16}{3}\pi$ cm^3 ③ $\dfrac{32}{3}\pi$ cm^3

④ $\dfrac{64}{3}\pi$ cm^3 ⑤ 32π cm^3

10 다음 그림에서 구의 부피가 원뿔의 부피의 $\dfrac{3}{2}$배일 때, 원뿔의 높이를 구하시오.

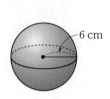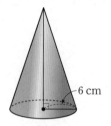

11 오른쪽 그림과 같은 평면도형을 직선 l을 회전축으로 하여 1회전 시킬 때 생기는 입체도형의 겉넓이를 구하시오.

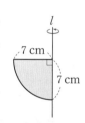

Ⅲ. 통계

5. 대푯값 / 자료의 정리와 해석

(1) 변량: 자료를 수량으로 나타낸 것

(2) 대푯값: 자료 전체의 특징을 대표적으로 나타낸 값으로 평균, 중앙값, 최빈값 등이 있다.

① **평균**: 변량의 총합을 변량의 개수로 나눈 값

➡ $(평균) = \dfrac{(변량의 총합)}{(변량의 개수)}$

② **중앙값**: 자료의 변량을 작은 값부터 크기순으로 나열할 때, 중앙에 위치하는 값

(ⅰ) 변량의 개수가 홀수이면 중앙에 있는 값이 중앙값이다.

(ⅱ) 변량의 개수가 짝수이면 중앙에 있는 두 값의 평균이 중앙값이다.

③ **최빈값**: 자료의 변량 중에서 가장 많이 나타나는 값

(ⅰ) 변량이 나타나는 횟수가 가장 큰 변량이 한 개 이상 있으면 그 변량들이 모두 최빈값이다.

(ⅱ) 변량이 나타나는 횟수가 모두 같으면 최빈값은 없다.

〈참고〉 자료에 따라 최빈값이 없을 수도 있고, 두 개 이상일 수도 있다.

평균 구하기

01 다음 자료의 평균을 구하시오.

(1) 2, 4, 6

〈풀이〉 변량이 2, 4, 6의 3개이므로

$(평균) = \dfrac{(변량의 \boxed{})}{(변량의 \boxed{})}$

$= \dfrac{2+4+\boxed{}}{3} = \boxed{}$

(2) 26, 42, 50, 66

(3) 3, 6, 6, 6, 12, 15

평균이 주어졌을 때, 변량 구하기

02 다음 자료의 평균이 [ ] 안의 수와 같을 때, x의 값을 구하시오.

(1) 3, 4, 6, x [5]

〈풀이〉 자료의 평균이 5이므로

$\dfrac{3+4+6+x}{4} = \boxed{}$

$13+x = \boxed{}$ $\therefore x = \boxed{}$

(2) 25, 30, x, 60   [40]

(3) 7, x, 6, 8, 5   [6]

중앙값 구하기

03 다음 자료의 중앙값을 구하시오.

(1) 4, 2, 6, 3, 1

　　　_____

> **풀이** 자료를 크기순으로 나열하면 1, 2, ☐, 4, 6이므로
> 중앙값은 ☐이다.

(2) 13, 21, 22, 17, 25

　　　_____

(3) 8, 3, 2, 5, 4, 7

　　　_____

> **풀이** 자료를 크기순으로 나열하면 2, 3, ☐, ☐, 7, 8이므로
> 중앙에 있는 두 값은 ☐, ☐이다.
> 따라서 중앙값은 $\dfrac{☐+5}{2}=$☐

(4) 14, 22, 24, 26, 25, 18

　　　_____

(5) 4, 5, 5, 8, 9, 3, 1

　　　_____

(6) 30, 60, 70, 90, 60, 50, 40, 90

　　　_____

중앙값이 주어졌을 때, 변량 구하기

04 다음은 자료를 크기순으로 나열한 것이다. 이 자료의 중앙값이 [ ] 안의 수와 같을 때, x의 값을 구하시오.

(1) 3, 4, x, 7　　[5]

　　　_____

> **풀이** 자료의 개수가 짝수이므로 중앙에 있는 두 값 4, x의
> 평균이 중앙값 5와 같다.
> $\dfrac{4+x}{☐}=5,\ 4+x=☐$　　∴ $x=☐$

(2) 8, x, 12, 15　　[10]

　　　_____

(3) 1, 4, x, 6, 9, 10　　[5.5]

　　　_____

(4) 13, 15, 18, x, 21, 25　　[19]

　　　_____

(5) 64, 67, 69, x, 73, 75　　[71]

　　　_____

(6) 58, 73, x, 82, 87, 90　　[79]

　　　_____

최빈값 구하기

05 다음 자료의 최빈값을 구하시오.

(1) 5, 2, 5, 4, 1

_____

풀이 ☐가 두 번으로 가장 많이 나타나므로
최빈값은 ☐이다.

(2) 10, 11, 12, 11, 15

_____

(3) 5, 4, 5, 4, 5

_____

(4) 8, 9, 13, 9, 8, 9

_____

(5) 12, 15, 17, 12, 12, 15, 12

_____

(6) 빨강, 파랑, 보라, 빨강, 연두, 빨강

_____

(7) 2, 4, 5, 3, 3, 6, 2

_____

풀이 ☐와 3이 각각 두 번으로 가장 많이 나타나므로
최빈값은 ☐와 3이다.

(8) 13, 15, 17, 13, 18, 15, 20

_____

(9) 20, 23, 25, 23, 21, 20, 26, 25

_____

(10) 4, 5, 4, 5, 4, 5, 7, 9

_____

(11) 12, 6, 4, 9, 2, 3

_____

풀이 변량이 나타나는 횟수가 모두 같으므로
최빈값은 ☐.

(12) 3, 4, 5, 3, 4, 5

_____

평균, 중앙값, 최빈값 구하기

06 다음 자료의 평균, 중앙값, 최빈값을 각각 구하시오.

(1) 8, 5, 4, 2, 4

평균: _____, 중앙값: _____, 최빈값: _____

(풀이) ❶ (평균)=$\dfrac{8+5+4+2+4}{\boxed{}}$=$\boxed{}$

❷ 자료를 크기순으로 나열하면 2, 4, $\boxed{}$, 5, 8이므로

중앙값은 $\boxed{}$이다.

❸ $\boxed{}$가 두 번으로 가장 많이 나타나므로

최빈값은 $\boxed{}$이다.

(2) 5, 3, 9, 3, 6, 1

평균: _____, 중앙값: _____, 최빈값: _____

(3) 3, 7, 2, 3, 5, 1

평균: _____, 중앙값: _____, 최빈값: _____

(4) 6, 4, 7, 5, 4, 5, 4

평균: _____, 중앙값: _____, 최빈값: _____

(5) 5, 1, 14, 5, 8, 12, 5, 14

평균: _____, 중앙값: _____, 최빈값: _____

(6) 13, 19, 18, 14, 15, 12, 11, 10

평균: _____, 중앙값: _____, 최빈값: _____

07 다음 자료의 평균을 a, 중앙값을 b, 최빈값을 c라 할 때, $a+b+c$의 값을 구하시오.

(1) 1, 2, 2, 3, 6

_____

(2) 7, 9, 9, 10, 8, 5

_____

(3) 6, 4, 7, 9, 10, 2, 4

_____

(4) 4, 1, 7, 5, 7, 4, 4, 8

_____

(5) 12, 15, 12, 15, 12, 17, 18, 19, 24

_____

(6) 9, 8, 6, 7, 9, 6, 10, 9, 7, 9

_____

대푯값의 이해

08 다음 중 옳은 것에는 ○표, 틀린 것에는 ×표를 쓰시오.

(1) 자료 전체의 특징을 대표하는 값이 대푯값이다.

_____

(2) 중앙값은 대푯값 중 하나이다.

_____

(3) 중앙값은 항상 자료에 있는 값 중 하나이다.

_____

(4) 최빈값은 항상 존재한다.

_____

(5) 평균, 중앙값, 최빈값이 모두 같은 경우도 있다.

_____

(6) 자료의 개수가 짝수인 경우 중앙값은 자료를 작은 값에서부터 크기순으로 나열할 때, 한가운데 놓이는 두 값의 평균이다.

_____

(7) 자료의 값 중 매우 크거나 매우 작은 값이 있는 경우 평균보다 중앙값이 자료 전체의 특징을 더 잘 나타낸다.

_____

09 다음 물음에 답하시오.

(1) 다음 자료의 평균이 10일 때, 최빈값을 구하시오.

| 10, | 12, | x, | 8, | 10, | 12, | 8 |

(2) 다음 자료는 6개의 수를 작은 값부터 크기순으로 나열한 것이다. 이 자료의 중앙값이 7일 때, x의 값을 구하시오.

| 2, | 3, | 5, | x, | 9, | 11 |

(3) 다음 자료의 최빈값이 3일 때, x의 값을 구하시오.

| 3, | 4, | 3, | 1, | x, | 4 |

●●●● 학교 시험 **바로** 맛보기 ─────

10 다음은 어느 도시의 6개월 동안의 월평균 강수량을 조사하여 나타낸 자료이다. 물음에 답하시오.

(단위: mm)

| 42, | 35, | 29, | 32, | 50, | 208 |

(1) 이 자료의 평균을 구하시오.
(2) 이 자료의 중앙값을 구하시오.
(3) 이 자료의 최빈값을 구하시오.
(4) 평균, 중앙값, 최빈값 중에서 이 자료의 대푯값으로 가장 적절한 것은 어느 것인지 말하시오.

51 줄기와 잎 그림

(1) **줄기와 잎 그림**: 자료를 세로선에 의해 줄기와 잎으로 구분하여 줄기는 왼쪽에 크기순으로 나열하고, 잎은 해당하는 줄기에 수평으로 적은 그림

(2) **줄기와 잎 그림을 그리는 방법**

❶ 자료의 각 변량을 줄기와 잎으로 구분한다.

❷ 세로선을 긋고 세로선의 왼쪽에 줄기를 크기순으로 세로로 쓴다.

❸ 세로선의 오른쪽에 각 줄기에 해당하는 값을 크기순으로 쓴다.
   이때 잎은 중복되는 수를 중복되는 횟수만큼 쓴다.

참고 줄기와 잎 그림의 특징

① 변량의 정확한 값을 알 수 있고, 자료의 전체적인 분포 상태를 쉽게 파악할 수 있다.

② 자료의 개수가 많을 때는 일일이 나열하기가 힘들다.

예 점수

(단위: 점)

13	25	27	34	18
39	16	23	11	30

↓

점수

(1|1은 11점)

줄기	잎
1	1 3 6 8
2	3 5 7
3	0 4 9

• 정답 및 해설 029쪽

줄기와 잎 그림 그리기

01 다음 자료를 보고 줄기와 잎 그림을 완성하시오.

(1) 수학 점수

(단위: 점)

62	73	81	65	93	79
75	66	87	78	85	74

↓

수학 점수

(6|2는 62점)

줄기	잎
6	2 5 6
7	
8	
9	

(2) 몸무게

(단위: kg)

32	56	43	61	40	48
39	54	41	63	52	43

↓

몸무게

(3|2는 32 kg)

줄기	잎
3	2
4	
5	
6	

(3) 키

(단위: cm)

136	141	113	125	144	110
124	112	153	129	121	137
154	143	132	126	145	127

↓

키

(11|0은 110 cm)

줄기	잎
11	0

줄기와 잎 그림에서 줄기, 잎

02 다음은 선영이네 반 학생들의 국어 점수를 조사하여 나타낸 줄기와 잎 그림이다. 물음에 답하시오.

국어 점수

(5 | 2는 52점)

줄기	잎
5	2 4 5
6	0 3 7 8 9
7	2 3 5 6
8	1 7

(1) 줄기가 5인 잎을 모두 구하시오.

_____

(2) 줄기가 7인 잎을 모두 구하시오.

_____

03 다음은 정민이네 반 학생들의 턱걸이 횟수를 조사하여 나타낸 줄기와 잎 그림이다. 물음에 답하시오.

턱걸이 횟수

(0 | 3은 3회)

줄기	잎
0	3 5 8
1	2 3 4 4 7
2	0 1 5 6 6 9
3	1 2

(1) 줄기가 1인 잎을 모두 구하시오.

_____

(2) 줄기가 2인 잎을 모두 구하시오.

_____

04 다음은 수진이네 반 학생들의 하루 동안의 운동 시간을 조사하여 나타낸 줄기와 잎 그림이다. 물음에 답하시오.

운동 시간

(1 | 0은 10분)

줄기	잎
1	0 3 7
2	1 2 5 6 6 8
3	2 4 7 9
4	3 8

(1) 줄기가 3인 잎을 모두 구하시오.

_____

(2) 잎이 가장 적은 줄기를 구하시오.

_____

(3) 잎이 가장 많은 줄기를 구하시오.

_____

05 다음은 준기네 반 학생들의 키를 조사하여 나타낸 줄기와 잎 그림이다. 물음에 답하시오.

키

(11 | 2는 112 cm)

줄기	잎
11	2 3 4 5
12	1 2 3 6 6 9
13	0 4 7 8
14	1 3

(1) 줄기가 11인 잎을 모두 구하시오.

_____

(2) 잎이 가장 적은 줄기를 구하시오.

_____

(3) 잎이 가장 많은 줄기를 구하시오.

_____

줄기와 잎 그림의 이해

06 다음은 재현이네 반 학생들의 팔굽혀펴기 횟수를 조사하여 나타낸 줄기와 잎 그림이다. 물음에 답하시오.

팔굽혀펴기 횟수

(0|5는 5회)

줄기	잎
0	5 7
1	0 1 3 4 6
2	2 4 7 8 9
3	2 5 6

(1) 팔굽혀펴기를 가장 적게 한 학생의 횟수는 몇 회인지 구하시오.

————————

(2) 팔굽혀펴기를 가장 많이 한 학생의 횟수는 몇 회인지 구하시오.

————————

07 다음은 서진이네 반 학생들의 몸무게를 조사하여 나타낸 줄기와 잎 그림이다. 물음에 답하시오.

몸무게

(3|1은 31 kg)

줄기	잎
3	1 2 4 5 8 9
4	3 6 6 7
5	1 3 3 4 9
6	0 2 5

(1) 몸무게가 가장 가벼운 학생의 몸무게는 몇 kg인지 구하시오.

————————

(2) 몸무게가 가장 무거운 학생의 몸무게는 몇 kg인지 구하시오.

————————

08 다음은 어느 마라톤 대회에 참가한 사람들의 나이를 조사하여 나타낸 줄기와 잎 그림이다. 물음에 답하시오.

참가한 사람들의 나이

(1|5는 15세)

줄기	잎
1	5 8
2	1 5 6 9 9
3	0 1 5 7 8 8
4	2 3 6

(1) 마라톤 대회에 참가한 사람은 모두 몇 명인지 구하시오.

————————

(2) 마라톤 대회에 참가한 사람 중 나이가 35세보다 많은 사람은 모두 몇 명인지 구하시오.

————————

09 다음은 수정이네 반 학생들이 한 달 동안 읽은 책의 수를 조사하여 나타낸 줄기와 잎 그림이다. 물음에 답하시오.

읽은 책의 수

(0|3은 3권)

줄기	잎
0	3 5 7
1	2 4 8 9
2	0 1 4 7 8 9
3	1 2 5 5 6

(1) 수정이네 반 학생은 모두 몇 명인지 구하시오.

————————

(2) 한 달 동안 읽은 책의 수가 16권보다 적은 학생은 모두 몇 명인지 구하시오.

————————

10 다음은 기윤이네 반 학생들의 음악 점수를 조사하여 나타낸 줄기와 잎 그림이다. 물음에 답하시오.

음악 점수

(5 | 1은 51점)

줄기	잎
5	1 3 5 7
6	2 4 6 8 8 9
7	0 1 3 4 5 7 8
8	4 5 7

(1) 음악 점수가 63점 이하인 학생은 모두 몇 명인지 구하시오.

_____

(2) 음악 점수가 72점 이상 85점 이하인 학생은 모두 몇 명인지 구하시오.

_____

11 다음은 지훈이네 반 학생들의 공 던지기 기록을 조사하여 나타낸 줄기와 잎 그림이다. 물음에 답하시오.

공 던지기 기록

(1 | 0은 10 m)

줄기	잎
1	0 2 4 8
2	1 3 4 5 6 7
3	2 3 5 7 8 8 9
4	0 4 6 7 9

(1) 공 던지기 기록이 33 m 초과인 학생은 모두 몇 명인지 구하시오.

_____

(2) 공 던지기 기록이 25 m 이상 46 m 미만인 학생은 모두 몇 명인지 구하시오.

_____

12 다음은 어느 지역에 있는 가게들의 하루 생수 판매량을 조사하여 나타낸 줄기와 잎 그림이다. 물음에 답하시오.

생수 판매량

(5 | 2는 52개)

줄기	잎
5	2 4 7 8
6	0 1 3 5 9
7	1 2 4 4 8 8 9
8	0 3 5 6 7

(1) 생수 판매량이 6번째로 많은 가게의 생수 판매량은 몇 개인지 구하시오.

_____

(2) 생수 판매량이 8번째로 적은 가게의 생수 판매량은 몇 개인지 구하시오.

_____

학교 시험 바로 맛보기

13 아래는 우식이네 반 학생들의 하루 동안의 컴퓨터 사용 시간을 조사하여 나타낸 줄기와 잎 그림이다. 다음 중 옳지 않은 것은?

컴퓨터 사용 시간

(1 | 0은 10분)

줄기	잎
1	0 1 2 3 4
2	1 3 4 5 6 6 8
3	2 4 6 7
4	0 1 4 5 6 7

① 잎이 가장 많은 줄기는 2이다.
② 우식이네 반 전체 학생 수는 22명이다.
③ 컴퓨터 사용 시간이 40분 이상인 학생 수는 6명이다.
④ 컴퓨터 사용 시간이 26분인 학생 수는 2명이다.
⑤ 컴퓨터 사용 시간이 8번째로 많은 학생의 시간은 34분이다.

(1) **계급**: 변량을 일정한 간격으로 나눈 구간

　① **계급의 크기**: 변량을 나눈 구간의 너비(폭) → 계급의 양 끝 값의 차

　② **계급의 개수**: 변량을 나눈 구간의 개수

(2) **도수**: 각 계급에 속하는 변량의 개수

　주의 계급, 계급의 크기, 도수는 항상 단위를 붙여 쓴다.

(3) **도수분포표**: 자료를 몇 개의 계급으로 나누고 각 계급의 도수를 조사하여 나타낸 표

(4) **도수분포표를 만드는 방법**

　❶ 자료에서 가장 작은 변량과 가장 큰 변량을 찾는다.

　❷ ❶의 두 변량이 포함되는 구간을 일정한 간격으로 나누어 계급을 정한다.

　❸ 각 계급에 속하는 변량의 개수를 세어 계급의 도수를 구한다.

　참고 계급의 개수가 너무 많거나 적으면 자료의 분포 상태를 정확히 파악하기 어려우므로 계급의 개수는 보통 5 ~ 15개로 한다.

예

점수(점)	학생 수(명)
60^{이상} ~ 70^{미만}	5
70 ~ 80	10
80 ~ 90	3
90 ~ 100	2
합계	20

→ (2) (계급의 크기) = 100 − 90 = 10(점)

→ (1) 계급　　　　　　(4) 도수 ←

→ (3) 계급의 개수: 4개

• 정답 및 해설 029쪽

도수분포표 만들기

01 다음은 진수네 반 학생들의 몸무게를 조사하여 나타낸 자료이다. 도수분포표를 완성하시오.

(단위: kg)

51	43	53	41	57	48	44	50
46	48	52	51	53	46	42	41
56	55	44	45	52	49	59	47

몸무게(kg)	학생 수(명)
40^{이상} ~ 44^{미만}	4
44 ~ 48	
48 ~ 52	
52 ~ 56	
56 ~ 60	
합계	24

02 다음은 현주네 반 학생들의 1분 동안의 줄넘기 횟수를 조사하여 나타낸 자료이다. 도수분포표를 완성하시오.

(단위: 회)

24	31	43	52	35	58	32	45
38	17	39	49	42	31	26	54
40	53	48	34	12	58	21	20
57	45	39	40	33	18	25	23

줄넘기 횟수(회)	학생 수(명)
10^{이상} ~ 20^{미만}	
20 ~ 30	
30 ~ 40	
40 ~ 50	
50 ~ 60	
합계	32

도수분포표의 이해

03 다음은 서희네 반 학생들의 하루 운동 시간을 조사하여 나타낸 도수분포표이다. 물음에 답하시오.

운동 시간(분)	학생 수(명)
$0^{이상} \sim 10^{미만}$	2
10 ~ 20	3
20 ~ 30	8
30 ~ 40	12
40 ~ 50	5
합계	

(1) 계급의 크기를 구하시오.

(2) 계급의 개수를 구하시오.

(3) 서희네 반 전체 학생 수를 구하시오.

(4) 운동 시간이 10분인 학생이 속하는 계급을 구하시오.

(5) 운동 시간이 20분 이상 30분 미만인 학생 수를 구하시오.

(6) 운동 시간이 30분 이상인 학생 수를 구하시오.

(7) 도수가 3명인 계급을 구하시오.

(8) 도수가 5명인 계급을 구하시오.

(9) 도수가 가장 작은 계급을 구하시오.

(10) 도수가 가장 큰 계급을 구하시오.

 학교 시험 **바로** 맛보기

04 다음은 지윤이네 반 학생 36명의 턱걸이 횟수를 조사하여 나타낸 도수분포표이다. 계급의 개수를 a개, 계급의 크기를 b회, 턱걸이 횟수가 4회 미만인 학생 수를 c명이라 할 때, $a+b+c$의 값을 구하시오.

턱걸이 횟수(회)	학생 수(명)
$0^{이상} \sim 2^{미만}$	3
2 ~ 4	8
4 ~ 6	15
6 ~ 8	6
8 ~ 10	4
합계	36

(1) **특정 계급의 도수가 주어지지 않은 경우**

　도수의 총합에서 나머지 도수의 합을 빼어서 그 계급의 도수를 구한다.

(2) **도수분포표에서 특정 계급의 백분율**

　① (각 계급의 백분율) $= \dfrac{(\text{그 계급의 도수})}{(\text{도수의 총합})} \times 100\,(\%)$

　② (각 계급의 도수) $= (\text{도수의 총합}) \times \dfrac{(\text{그 계급의 백분율})}{100}$

• 정답 및 해설 030쪽

도수분포표에서 특정 계급의 도수 구하기

01 다음 도수분포표에서 빈칸을 채워 표를 완성하시오.

(1)

나이(세)	사람 수(명)
5^{이상} ~ 10^{미만}	3
10 ~ 15	4
15 ~ 20	9
20 ~ 25	
합계	20

(2)

횟수(회)	학생 수(명)
10^{이상} ~ 15^{미만}	5
15 ~ 20	
20 ~ 25	10
25 ~ 30	2
합계	25

(3)

점수(점)	학생 수(명)
50^{이상} ~ 60^{미만}	3
60 ~ 70	6
70 ~ 80	
80 ~ 90	7
90 ~ 100	4
합계	30

02 다음은 수현이네 반 학생 30명이 한 달 동안 읽은 책의 수를 조사하여 나타낸 도수분포표이다. 물음에 답하시오.

읽은 책의 수(권)	학생 수(명)
0^{이상} ~ 6^{미만}	4
6 ~ 12	5
12 ~ 18	9
18 ~ 24	
24 ~ 30	3
합계	30

(1) 읽은 책의 수가 18권 이상인 학생 수를 구하시오.

_____

　[풀이] 18권 이상 24권 미만인 계급의 도수가 □명,

　　24권 이상 30권 미만인 계급의 도수가 □명

　　이므로 읽은 책의 수가 18권 이상인 학생 수는

　　□ + □ = □ (명)

(2) 읽은 책의 수가 10번째로 많은 학생이 속하는 계급을 구하시오.

_____

　[풀이] 읽은 책의 수가 많은 계급부터 도수를 차례로 더하면

　　3명, 3 + □ = □ (명)이므로 읽은 책의 수가 10번째

　　로 많은 학생이 속하는 계급은 □권 이상 □권 미

　　만이다.

03 다음은 시원이네 반 학생 40명의 팔굽혀펴기 횟수를 조사하여 나타낸 도수분포표이다. 물음에 답하시오.

팔굽혀펴기 횟수(회)	학생 수(명)
$0^{이상} \sim 10^{미만}$	5
10 ~ 20	4
20 ~ 30	15
30 ~ 40	A
40 ~ 50	4
50 ~ 60	2
합계	40

(1) A의 값을 구하시오.

(2) 팔굽혀펴기 횟수가 30회 미만인 학생 수를 구하시오

(3) 팔굽혀펴기 횟수가 5번째로 많은 학생이 속하는 계급을 구하시오.

(4) 팔굽혀펴기 횟수가 8번째로 적은 학생이 속하는 계급을 구하시오.

04 다음은 소현이네 반 학생 20명의 오래 매달리기 기록을 조사하여 나타낸 도수분포표이다. 물음에 답하시오.

오래 매달리기 기록(초)	학생 수(명)
$0^{이상} \sim 10^{미만}$	2
10 ~ 20	2
20 ~ 30	
30 ~ 40	7
40 ~ 50	3
합계	20

(1) 오래 매달리기 기록이 20초 이상 30초 미만인 학생 수를 구하시오.

(2) 오래 매달리기 기록이 20초 이상 30초 미만인 학생은 전체의 몇 %인지 구하시오.

풀이 소현이네 반 전체 학생 수는 20명이고, 오래 매달리기 기록이 20초 이상 30초 미만인 학생은 ☐명이므로 전체의 $\dfrac{\Box}{20} \times 100 = \Box$ (%)

(3) 오래 매달리기 기록이 20초 이상 40초 미만인 학생 수를 구하시오.

(4) 오래 매달리기 기록이 20초 이상 40초 미만인 학생은 전체의 몇 %인지 구하시오.

05 다음은 영진이네 반 학생 25명의 봉사 시간을 조사하여 나타낸 도수분포표이다. 물음에 답하시오.

봉사 시간(분)	학생 수(명)
30^{이상} ~ 60^{미만}	3
60 ~ 90	5
90 ~ 120	
120 ~ 150	9
150 ~ 180	2
합계	25

(1) 봉사 시간이 90분 이상 120분 미만인 학생 수를 구하시오.

_____

(2) 봉사 시간이 90분 이상인 학생 수를 구하시오.

_____

(3) 봉사 시간이 90분 이상인 학생은 전체의 몇 %인지 구하시오.

_____

(4) 봉사 시간이 120분 미만인 학생은 전체의 몇 %인지 구하시오.

_____

06 다음은 현우네 반 학생 30명의 통학 시간을 조사하여 나타낸 도수분포표이다. 물음에 답하시오.

통학 시간(분)	학생 수(명)
0^{이상} ~ 10^{미만}	1
10 ~ 20	5
20 ~ 30	15
30 ~ 40	A
40 ~ 50	2
합계	30

(1) 통학 시간이 20분 미만인 학생은 전체의 몇 %인지 구하시오.

_____

(2) 통학 시간이 30분 이상인 학생은 전체의 몇 %인지 구하시오.

_____

●━━●●●● 학교 시험 바로 맛보기 ━━━━

07 아래는 지원이네 학교에서 실시한 팽이 돌리기 대회에 참가한 학생들의 기록을 조사하여 나타낸 도수분포표이다. 다음 중 옳은 것은?

기록(초)	학생 수(명)
0^{이상} ~ 5^{미만}	5
5 ~ 10	7
10 ~ 15	11
15 ~ 20	A
20 ~ 25	3
25 ~ 30	2
합계	40

① 계급의 크기는 6초이다.

② A의 값은 10이다.

③ 팽이 돌리기 기록이 15초 미만인 학생 수는 11명이다.

④ 팽이 돌리기 기록이 4번째로 긴 학생이 속하는 계급의 도수는 3명이다.

⑤ 팽이 돌리기 기록이 10초 미만인 학생은 전체의 35% 이다.

(1) 히스토그램: 도수분포표의 각 계급의 크기를 가로로, 각 도수를 세로로 하여 직사각형으로 나타낸 그래프

(2) 히스토그램을 그리는 방법

❶ 가로축에 계급의 양 끝 값을 차례로 쓴다.

❷ 세로축에 도수를 차례로 쓴다.

❸ 각 계급의 크기를 가로로, 그 계급의 도수를 세로로 하는 직사각형을 차례로 그린다.

예

횟수(회)	학생 수(명)
10^{이상} ~ 20^{미만}	4
20 ~ 30	8
30 ~ 40	6
40 ~ 50	2
합계	20

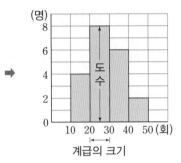

주의 ① 계급의 크기는 모두 같으므로 직사각형의 가로의 길이는 모두 같게 그린다.

② 계급이 연속적으로 이어져 있으므로 직사각형을 서로 연결하여 그린다.

히스토그램 그리기

01 다음 도수분포표를 보고 히스토그램을 완성하시오.

(1)

국어 성적(점)	학생 수(명)
50^{이상} ~ 60^{미만}	3
60 ~ 70	7
70 ~ 80	10
80 ~ 90	6
90 ~ 100	4
합계	30

↓

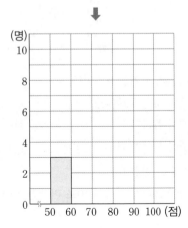

(2)

최고 기온(℃)	날수(일)
5^{이상} ~ 10^{미만}	3
10 ~ 15	4
15 ~ 20	6
20 ~ 25	11
25 ~ 30	9
30 ~ 35	7
합계	40

↓

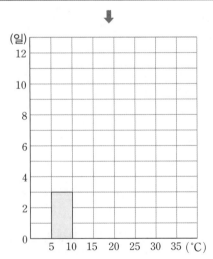

히스토그램의 이해

02 다음은 서현이네 반 학생들의 $100\,\text{m}$ 달리기 기록을 조사하여 나타낸 히스토그램이다. 물음에 답하시오.

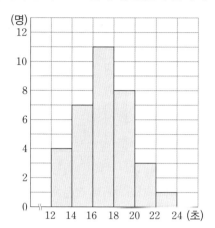

(1) 계급의 개수를 구하시오.

_____

(2) 계급의 크기를 구하시오.

_____

(3) 도수가 가장 큰 계급을 구하시오.

_____

(4) 서현이네 반 전체 학생 수를 구하시오.

_____

풀이 12초 이상 14초 미만인 계급의 도수는 ☐ 명,

14초 이상 16초 미만인 계급의 도수는 ☐ 명,

16초 이상 18초 미만인 계급의 도수는 ☐ 명,

18초 이상 20초 미만인 계급의 도수는 ☐ 명,

20초 이상 22초 미만인 계급의 도수는 ☐ 명,

22초 이상 24초 미만인 계급의 도수는 ☐ 명이다.

따라서 서현이네 반 전체 학생 수는

☐ + ☐ + ☐ + ☐ + ☐ + ☐ = ☐ (명)

03 다음은 준기네 반 학생들의 미술 실기 점수를 조사하여 나타낸 히스토그램이다. 물음에 답하시오.

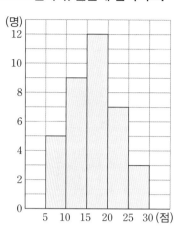

(1) 계급의 개수를 구하시오.

_____

(2) 계급의 크기를 구하시오.

_____

(3) 도수가 가장 작은 계급을 구하시오.

_____

(4) 도수가 가장 큰 계급의 도수를 구하시오.

_____

(5) 준기네 반 전체 학생 수를 구하시오.

_____

• 정답 및 해설 031쪽

04 다음은 진규네 반 학생들의 몸무게를 조사하여 나타낸 히스토그램이다. 물음에 답하시오.

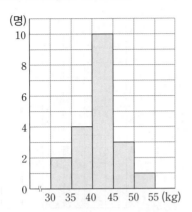

(1) 몸무게가 40 kg 미만인 학생 수를 구하시오.

_____

풀이 몸무게가 30 kg 이상 35 kg 미만인 학생 수는 ☐명,

35 kg 이상 40 kg 미만인 학생 수는 ☐명이므로

몸무게가 40 kg 미만인 학생 수는

☐+☐=☐(명)

(2) 몸무게가 5번째로 무거운 학생이 속하는 계급을 구하시오.

_____

풀이 몸무게가 무거운 계급부터 도수를 차례로 더하면

1명, 1+3=4(명), 1+☐+☐=☐(명)이므로

몸무게가 5번째로 무거운 학생이 속하는 계급은

☐ kg 이상 ☐ kg 미만이다.

(3) 몸무게가 35 kg 이상 40 kg 미만인 학생은 전체의 몇 %인지 구하시오.

_____

풀이 진규네 반 전체 학생 수는 ☐명이고, 몸무게가

35 kg 이상 40 kg 미만인 학생은 ☐명이므로

전체의 $\dfrac{☐}{☐}$×100=☐(%)

05 다음은 세현이네 동아리 학생들이 방학 동안 읽은 책의 수를 조사하여 나타낸 히스토그램이다. 물음에 답하시오.

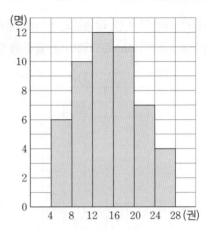

(1) 읽은 책의 수가 9번째로 적은 학생이 속하는 계급을 구하시오.

_____

(2) 읽은 책의 수가 20권 이상인 학생은 전체의 몇 %인지 구하시오.

_____

━━━●●●● 학교 시험 **바로** 맛보기 ━━━━━

06 다음은 미선이네 반 학생들의 키를 조사하여 나타낸 히스토그램이다. 물음에 답하시오.

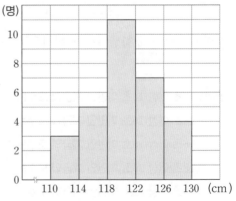

(1) 키가 12번째로 큰 학생이 속하는 계급을 구하시오.

(2) 키가 118 cm 이상 126 cm 미만인 학생은 전체의 몇 %인지 구하시오.

개념 55 히스토그램의 특징

(1) 자료의 분포 상태를 한눈에 알아볼 수 있다.

(2) 각 직사각형에서 가로의 길이는 계급의 크기이므로 일정하다.

따라서 각 직사각형의 넓이는 세로의 길이인 각 계급의 도수에 정비례한다. ← 직사각형의 넓이를 구할 때는 단위를 쓰지 않는다.

(3) (직사각형의 넓이)=(계급의 크기)×(그 계급의 도수)

(직사각형의 넓이의 합)=(계급의 크기)×(도수의 총합)

• 정답 및 해설 031쪽

히스토그램에서 직사각형의 넓이의 합

01 다음은 어느 댄스 동아리 회원의 나이를 조사하여 나타낸 히스토그램이다. 물음에 답하시오.

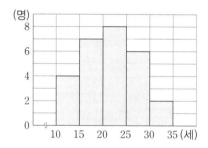

(1) 도수가 7명인 계급의 직사각형의 넓이를 구하시오.

_____

(2) 직사각형의 넓이의 합을 구하시오.

_____

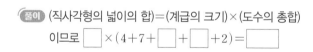

풀이 (직사각형의 넓이의 합)=(계급의 크기)×(도수의 총합)

이므로 ☐×(4+7+☐+☐+2)=☐

(3) 도수가 가장 큰 계급의 직사각형의 넓이는 도수가 가장 작은 계급의 직사각형의 넓이의 몇 배인지 구하시오.

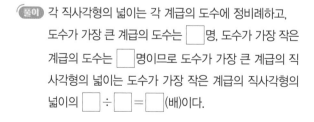

풀이 각 직사각형의 넓이는 각 계급의 도수에 정비례하고, 도수가 가장 큰 계급의 도수는 ☐명, 도수가 가장 작은 계급의 도수는 ☐명이므로 도수가 가장 큰 계급의 직사각형의 넓이는 도수가 가장 작은 계급의 직사각형의 넓이의 ☐÷☐=☐(배)이다.

02 다음은 소희네 반 학생들이 한 달 동안 먹은 우유의 수를 조사하여 나타낸 히스토그램이다. 직사각형의 넓이의 합을 구하시오.

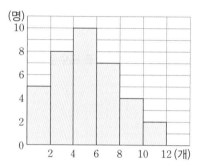

●●●● 학교 시험 바로 맛보기 ────

03 다음은 혜진이네 반 학생들의 1분 동안의 윗몸 일으키기 횟수를 조사하여 나타낸 히스토그램이다. 물음에 답하시오.

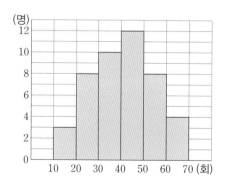

(1) 도수가 가장 큰 직사각형의 넓이는 가장 작은 직사각형의 넓이의 몇 배인지 구하시오.

(2) 직사각형의 넓이의 합을 구하시오.

(1) 도수분포다각형: 히스토그램에서 각 직사각형의 윗변의 중앙의 점을 차례로
   선분으로 연결하여 그린 그래프

(2) 도수분포다각형을 그리는 방법

   ❶ 히스토그램의 각 직사각형의 윗변의 중앙에 점을 찍는다.

   ❷ 히스토그램의 양 끝에 도수가 0인 계급이 하나씩 더 있는 것으로 생각하고
     그 중앙에 점을 찍는다.

   ❸ ❶, ❷에서 찍은 점들을 차례로 선분으로 연결한다.

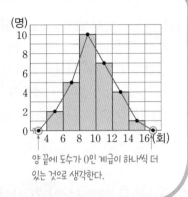

양 끝에 도수가 0인 계급이 하나씩 더
있는 것으로 생각한다.

도수분포다각형 그리기

01 다음 히스토그램을 보고 도수분포다각형을 완성하시오.

(1) (명)

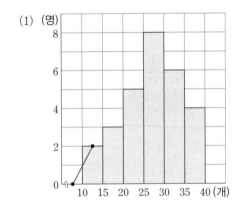

(2) (명)

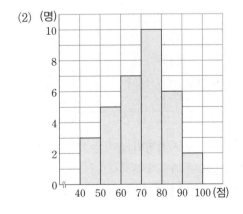

(3) (명)

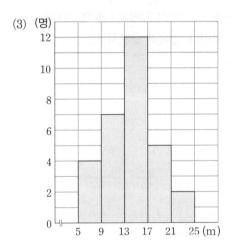

(4) (명)

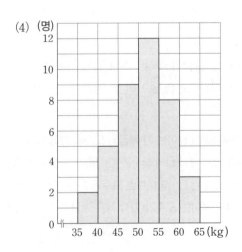

도수분포다각형의 이해

02 다음은 진규네 반 학생들이 한 달 동안 도서관을 이용한 횟수를 조사하여 나타낸 도수분포다각형이다. 물음에 답하시오.

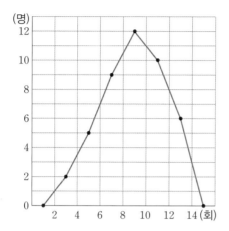

(1) 계급의 개수를 구하시오.

(2) 계급의 크기를 구하시오.

(3) 도수가 가장 큰 계급을 구하시오.

(4) 진규네 반 전체 학생 수를 구하시오.

(5) 도서관 이용 횟수가 7회인 학생이 속하는 계급의 도수를 구하시오.

03 다음은 서준이네 반 학생들의 1분 동안의 윗몸 일으키기 횟수를 조사하여 나타낸 도수분포다각형이다. 물음에 답하시오.

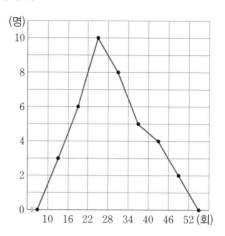

(1) 계급의 개수를 구하시오.

(2) 계급의 크기를 구하시오.

(3) 도수가 8명인 계급을 구하시오.

(4) 서준이네 반 전체 학생 수를 구하시오.

(5) 윗몸 일으키기 횟수가 36회인 학생이 속하는 계급의 도수를 구하시오.

04. 다음은 은우네 반 학생들의 100 m 달리기 기록을 조사하여 나타낸 도수분포다각형이다. 물음에 답하시오.

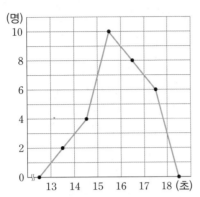

(1) 달리기 기록이 15초 미만인 학생 수를 구하시오.

————————————

풀이 달리기 기록이 13초 이상 14초 미만인 학생 수는 ☐명, 14초 이상 15초 미만인 학생 수는 ☐명이므로 달리기 기록이 15초 미만인 학생 수는 ☐+☐=☐(명)

(2) 달리기 기록이 7번째로 느린 학생이 속하는 계급을 구하시오.

————————————

풀이 달리기 기록이 느린 계급부터 도수를 차례로 더하면 6명, 6+☐=☐(명)이므로 달리기 기록이 7번째로 느린 학생이 속하는 계급은 ☐초 이상 ☐초 미만 이다.

(3) 달리기 기록이 17초 이상인 학생은 전체의 몇 %인지 구하시오.

————————————

풀이 은우네 반 전체 학생 수는 ☐명이고, 달리기 기록이 17초 이상인 학생은 ☐명이므로 전체의 $\dfrac{☐}{☐} \times 100 = ☐$ (%)

05. 다음은 경민이네 반 학생들의 체육 실기 점수를 조사하여 나타낸 도수분포다각형이다. 물음에 답하시오.

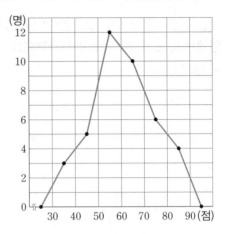

(1) 체육 실기 점수가 70점 이상인 학생은 전체의 몇 %인지 구하시오.

————————————

(2) 체육 실기 점수가 60점 이상 80점 미만인 학생은 전체의 몇 %인지 구하시오.

————————————

〰〰〰〰 학교 시험 **바로** 맛보기 ————————————

06. 다음은 지윤이네 반 학생 25명의 봉사 활동 시간을 조사하여 나타낸 도수분포다각형인데 일부가 찢어졌다. 물음에 답하시오.

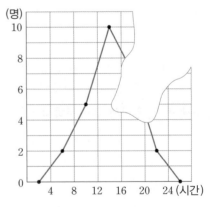

(1) 봉사 활동 시간이 16시간 이상 20시간 미만인 학생 수를 구하시오.

(2) 봉사 활동 시간이 16시간 이상 20시간 미만인 학생은 전체의 몇 %인지 구하시오.

개념 57 도수분포다각형의 특징

(1) 자료의 분포 상태를 연속적으로 관찰할 수 있다.

(2) 두 개 이상의 자료의 분포 상태를 비교하는 데 편리하다.

(3) (도수분포다각형과 가로축으로 둘러싸인 부분의 넓이)

   =(히스토그램의 각 직사각형의 넓이의 합)

   =(계급의 크기)×(도수의 총합)

참고
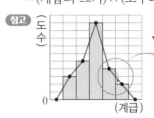  두 삼각형의 넓이가 같다. 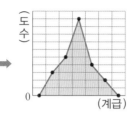 색칠한 부분의 넓이가 서로 같다.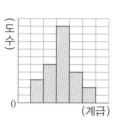

주의 히스토그램과 도수분포다각형에서 넓이를 구할 때는 단위를 쓰지 않는다.

• 정답 및 해설 032쪽

도수분포다각형과 가로축으로 둘러싸인 부분의 넓이

01 다음 도수분포다각형과 가로축으로 둘러싸인 부분의 넓이를 구하시오.

(1) (명)

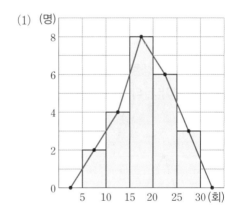

풀이 계급의 크기는 □회이고

도수는 차례로 2, 4, □, □, □명이다.

(도수분포다각형과 가로축으로 둘러싸인 부분의 넓이)

=(히스토그램의 각 □의 넓이의 합)

=(계급의 크기)×(□의 총합)

=5×(2+4+□+□+□)

=□

(2) (개)

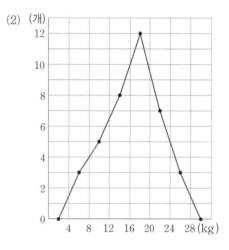

풀이 계급의 크기는 □kg이고

도수는 차례로 3, 5, □, □, □, □개이다.

(도수분포다각형과 가로축으로 둘러싸인 부분의 넓이)

=(히스토그램의 각 직사각형의 □의 합)

=(□의 크기)×(도수의 총합)

=4×(3+5+□+□+□+□)

=□

02 다음 도수분포다각형과 가로축으로 둘러싸인 부분의 넓이를 구하시오.

(1)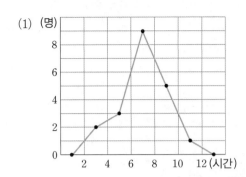

(2)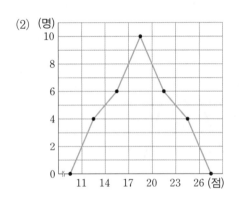

(3)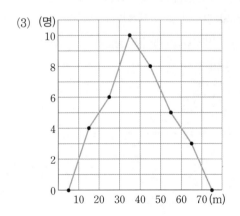

(4)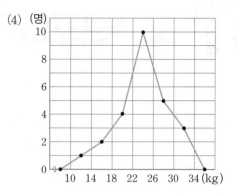

(5)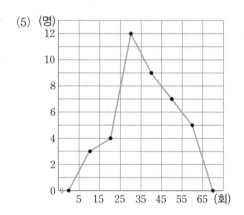

03 아래 그림은 수현이네 반 학생들의 영어 성적을 조사하여 나타낸 도수분포다각형이다. 다음 중 옳은 것을 모두 고르면? (정답 2개)

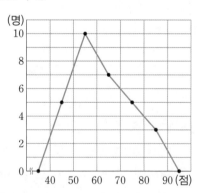

① 계급의 개수는 7개이다.

② 수현이네 반 전체 학생 수는 25명이다.

③ 영어 성적이 60점 이상인 학생은 전체의 50 %이다.

④ 영어 성적이 가장 높은 학생의 점수는 100점이다.

⑤ 도수분포다각형과 가로축으로 둘러싸인 부분의 넓이는 300이다.

(1) **상대도수**: 전체 도수에 대한 각 계급의 도수의 비율 ➡ (어떤 계급의 상대도수)=$\dfrac{(그\ 계급의\ 도수)}{(도수의\ 총합)}$

> 참고 • (어떤 계급의 도수)=(도수의 총합)×(그 계급의 상대도수)
>
> (도수의 총합)=$\dfrac{(그\ 계급의\ 도수)}{(어떤\ 계급의\ 상대도수)}$
>
> • 상대도수에 100을 곱하면 전체에서 그 도수가 차지하는 백분율을 알 수 있다.

(2) **상대도수의 분포표**: 각 계급의 상대도수를 나타낸 표

(3) **상대도수의 특징**

　① 상대도수의 총합은 항상 1이고, 상대도수는 0 이상이고 1 이하인 수이다.

　② 각 계급의 상대도수는 그 계급의 도수에 정비례한다.

　③ 도수의 총합이 다른 두 자료의 분포 상태를 비교할 때 상대도수를 이용하면 편리하다.

• 정답 및 해설 032쪽

상대도수의 분포표 만들기

01 다음 상대도수의 분포표에서 □ 안에 알맞은 수를 쓰시오.

(1)

턱걸이 횟수(회)	학생 수(명)	상대도수
$0^{이상} \sim 5^{미만}$	3	$\dfrac{3}{20}=0.15$
5 ～ 10	7	$\dfrac{7}{20}=0.35$
10 ～ 15	8	$\dfrac{\boxed{}}{20}=\boxed{}$
15 ～ 20	2	$\dfrac{\boxed{}}{20}=\boxed{}$
합계	20	1

(2)

던지기 기록(m)	학생 수(명)	상대도수
$10^{이상} \sim 20^{미만}$	4	$\dfrac{4}{25}=0.16$
20 ～ 30	7	$\dfrac{7}{25}=0.28$
30 ～ 40	9	$\dfrac{\boxed{}}{25}=\boxed{}$
40 ～ 50	5	$\dfrac{\boxed{}}{25}=\boxed{}$
합계	25	$\boxed{}$

02 다음 상대도수의 분포표에서 각 계급의 상대도수를 구하여 표를 완성하시오.

(1)

영어 점수(점)	학생 수(명)	상대도수
$40^{이상} \sim 50^{미만}$	4	0.1
50 ～ 60	8	0.2
60 ～ 70	12	
70 ～ 80	8	
80 ～ 90	6	
90 ～ 100	2	
합계	40	

(2)

읽은 책의 수(권)	학생 수(명)	상대도수
$0^{이상} \sim 5^{미만}$	5	0.1
5 ～ 10	8	
10 ～ 15	13	
15 ～ 20	15	
20 ～ 25	7	
25 ～ 30	2	
합계	50	

상대도수의 분포표에서 백분율 구하기

03 다음은 지혜네 반 학생 20명의 앉은키를 조사하여 나타낸 상대도수의 분포표이다. 물음에 답하시오.

앉은키(cm)	학생 수(명)	상대도수
$50^{이상} \sim 55^{미만}$	2	0.1
55 ~ 60	6	
60 ~ 65	9	
65 ~ 70	3	
합계	20	1

(1) 각 계급의 상대도수를 구하여 위의 표를 완성하시오.

(2) 앉은키가 55 cm 이상 65 cm 미만인 학생이 속하는 계급의 상대도수의 합을 구하시오.

　　　───────────

　풀이　55 cm 이상 60 cm 미만인 계급의 상대도수는 ☐ ,
　　　60 cm 이상 65 cm 미만인 계급의 상대도수는 ☐
　　　이므로 구하는 상대도수의 합은
　　　☐ + ☐ = ☐

(3) 앉은키가 60 cm 미만인 학생은 전체의 몇 %인지 구하시오.

　　　───────────

　풀이　앉은키가 60 cm 미만인 학생이 속하는 계급의 상대도수의 합이 ☐ + ☐ = ☐ 이므로
　　　전체의 ☐ ×100= ☐ (%)

04 다음은 성민이네 학교 학생 50명의 통학 시간을 조사하여 나타낸 상대도수의 분포표이다. 물음에 답하시오.

통학 시간(분)	학생 수(명)	상대도수
$10^{이상} \sim 20^{미만}$	8	
20 ~ 30	12	
30 ~ 40	11	
40 ~ 50	15	
50 ~ 60	4	
합계	50	1

(1) 각 계급의 상대도수를 구하여 위의 표를 완성하시오.

(2) 통학 시간이 20분 이상 40분 미만인 학생이 속하는 계급의 상대도수의 합을 구하시오.

　　　───────────

(3) 통학 시간이 30분 미만인 학생은 전체의 몇 %인지 구하시오.

　　　───────────

(4) 통학 시간이 40분 이상인 학생은 전체의 몇 %인지 구하시오.

　　　───────────

상대도수를 알 때, 도수와 도수의 총합 구하기

05 다음 상대도수의 분포표에서 각 계급의 도수를 구하여 표를 완성하시오.

(1)

계급	도수	상대도수
$2^{이상} \sim 4^{미만}$	2	0.2
4 ~ 6		0.5
6 ~ 8		0.3
합계	10	1

풀이 (어떤 계급의 도수)

　＝(도수의 총합)×(그 계급의 상대도수)

이므로

4 이상 6 미만인 계급의 도수는

$10 \times \boxed{} = \boxed{}$

6 이상 8 미만인 계급의 도수는

$10 \times \boxed{} = \boxed{}$

(2)

계급	도수	상대도수
$5^{이상} \sim 10^{미만}$	3	0.15
10 ~ 15		0.2
15 ~ 20		0.4
20 ~ 25		0.25
합계	20	1

(3)

계급	도수	상대도수
$40^{이상} \sim 50^{미만}$		0.05
50 ~ 60		0.15
60 ~ 70		0.3
70 ~ 80		0.4
80 ~ 90		0.1
합계	40	1

06 다음 상대도수의 분포표를 완성하시오.

(1)

계급	도수	상대도수
$10^{이상} \sim 15^{미만}$	6	0.3
15 ~ 20		0.45
20 ~ 25		0.25
합계		1

풀이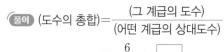

이므로

15 이상 20 미만인 계급의 도수는

$\boxed{} \times 0.45 = \boxed{}$

20 이상 25 미만인 계급의 도수는

$\boxed{} \times 0.25 = \boxed{}$

(2)

계급	도수	상대도수
$50^{이상} \sim 55^{미만}$	6	0.24
55 ~ 60		0.28
60 ~ 65		0.36
65 ~ 70		0.12
합계		1

(3)

계급	도수	상대도수
$0^{이상} \sim 5^{미만}$	4	0.08
5 ~ 10		0.2
10 ~ 15		0.3
15 ~ 20		0.26
20 ~ 25		0.16
합계		1

상대도수의 분포표의 이해

07 다음은 희영이네 반 학생 40명의 오래 매달리기 기록을 조사하여 나타낸 상대도수의 분포표이다. 물음에 답하시오.

오래 매달리기 기록(초)	학생 수(명)	상대도수
$0^{이상}$ ~ $10^{미만}$	4	C
10 ~ 20	A	0.05
20 ~ 30	10	0.25
30 ~ 40	B	0.4
40 ~ 50	8	0.2
합계	40	D

(1) A, B, C, D의 값을 각각 구하시오.

　　A: _____　　　B: _____

　　C: _____　　　D: _____

(2) 도수가 가장 큰 계급을 구하시오.

　　_____

(3) 상대도수가 가장 큰 계급을 구하시오.

　　_____

(4) 오래 매달리기 기록이 20초 미만인 학생은 전체의 몇 %인지 구하시오.

　　_____

08 다음은 수현이네 반 학생들의 일주일 동안의 컴퓨터 사용 시간을 조사하여 나타낸 상대도수의 분포표이다. 물음에 답하시오.

사용 시간(시간)	학생 수(명)	상대도수
$0^{이상}$ ~ $2^{미만}$	3	0.15
2 ~ 4	5	A
4 ~ 6	B	0.35
6 ~ 8	4	0.2
8 ~ 10	C	0.05
합계	D	1

(1) A, B, C, D의 값을 각각 구하시오.

　　A: _____　　　B: _____

　　C: _____　　　D: _____

(2) 컴퓨터 사용 시간이 6시간 이상인 학생은 전체의 몇 %인지 구하시오.

　　_____

학교 시험 바로 맛보기

09 다음은 성준이네 반 학생 20명의 한 달 동안의 독서 시간을 조사하여 나타낸 상대도수의 분포표이다. 한 달 동안의 독서 시간이 6시간 이상인 학생 수를 구하시오.

독서 시간(시간)	상대도수
$0^{이상}$ ~ $2^{미만}$	0.1
2 ~ 4	0.15
4 ~ 6	0.4
6 ~ 8	0.25
8 ~ 10	0.1
합계	1

(1) **상대도수의 분포를 나타낸 그래프**: 상대도수의 분포표를 히스토그램이나 도수분포다각형 모양으로 나타낸 그래프

(2) **상대도수의 분포를 나타낸 그래프를 그리는 방법**

❶ 가로축에 계급의 양 끝 값을 차례로 표시한다.

❷ 세로축에 상대도수를 차례로 표시한다.

❸ 히스토그램 또는 도수분포다각형 모양으로 그린다.

예

점수(점)	상대도수
$50^{이상}$ ~ $60^{미만}$	0.1
60 ~ 70	0.15
70 ~ 80	0.5
80 ~ 90	0.2
90 ~ 100	0.05
합계	1

➡

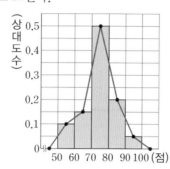

참고 상대도수의 총합은 항상 1이므로 상대도수의 분포를 나타낸 그래프와 가로축으로 둘러싸인 부분의 넓이는 계급의 크기와 같다.

• 정답 및 해설 033쪽

상대도수의 분포를 나타낸 그래프 그리기

01 다음 상대도수의 분포표를 보고 상대도수의 분포를 도수분포다각형 모양의 그래프로 나타내시오.

(1)

공 던지기 기록(m)	상대도수
$10^{이상}$ ~ $15^{미만}$	0.1
15 ~ 20	0.3
20 ~ 25	0.4
25 ~ 30	0.15
30 ~ 35	0.05
합계	1

↓

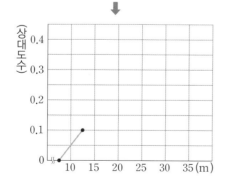

(2)

통학 시간(분)	상대도수
$10^{이상}$ ~ $20^{미만}$	0.05
20 ~ 30	0.15
30 ~ 40	0.45
40 ~ 50	0.2
50 ~ 60	0.15
합계	1

↓

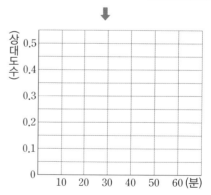

상대도수의 분포를 나타낸 그래프의 이해

02 다음은 유진이네 반 학생 20명의 윗몸 일으키기 횟수에 대한 상대도수의 분포를 나타낸 그래프이다. 물음에 답하시오.

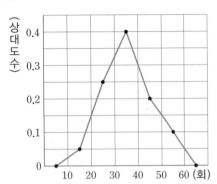

(1) 윗몸 일으키기 횟수가 30회 이상 50회 미만인 학생이 속하는 계급의 상대도수의 합을 구하시오.

＿＿＿＿＿＿＿

> **풀이** 윗몸 일으키기 횟수가 30회 이상 40회 미만인 학생이 속하는 계급의 상대도수는 □, 40회 이상 50회 미만인 학생이 속하는 계급의 상대도수는 □이므로 구하는 상대도수의 합은
> □ + □ = □

(2) 윗몸 일으키기 횟수가 40회 이상인 학생은 전체의 몇 %인지 구하시오.

＿＿＿＿＿＿＿

> **풀이** 윗몸 일으키기 기록이 40회 이상인 학생이 속하는 계급의 상대도수의 합은 □ + □ = □이므로 전체의 □ × 100 = □ (%)

(3) 윗몸 일으키기 기록이 20회 이상 30회 미만인 학생 수를 구하시오.

＿＿＿＿＿＿＿

> **풀이** 윗몸 일으키기 기록이 20회 이상 30회 미만인 학생이 속하는 계급의 상대도수는 □이므로 학생 수는
> 20 × □ = □ (명)

03 다음은 원진이네 학교 학생 200명의 일주일 동안의 평균 운동 시간에 대한 상대도수의 분포를 나타낸 그래프이다. 물음에 답하시오.

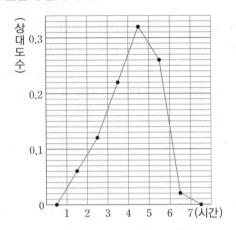

(1) 평균 운동 시간이 1시간 이상 3시간 미만인 학생이 속하는 계급의 상대도수의 합을 구하시오.

＿＿＿＿＿＿＿

(2) 평균 운동 시간이 5시간 이상인 학생은 전체의 몇 %인지 구하시오.

＿＿＿＿＿＿＿

(3) 평균 운동 시간이 3시간 이상 4시간 미만인 학생 수를 구하시오.

＿＿＿＿＿＿＿

(4) 평균 운동 시간이 4시간 이상 6시간 미만인 학생 수를 구하시오.

＿＿＿＿＿＿＿

04 다음은 정현이네 반 학생들이 등교하는 데 걸리는 시간에 대한 상대도수의 분포를 나타낸 그래프이다. 등교하는 데 걸리는 시간이 30분 이상 40분 미만인 학생이 20명일 때, 물음에 답하시오.

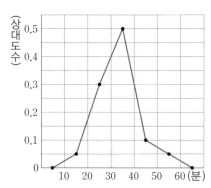

(1) 정현이네 반 전체 학생 수를 구하시오.

_____

(풀이) 등교하는 데 걸리는 시간이 30분 이상 40분 미만인 학생이 속하는 계급의 상대도수는 ☐ 이므로 정현이네 반 전체 학생 수는 $\dfrac{20}{\boxed{}}$ = ☐ (명)

(2) 등교하는 데 걸리는 시간이 20분 이상 30분 미만인 학생 수를 구하시오.

_____

(풀이) 등교하는 데 걸리는 시간이 20분 이상 30분 미만인 학생이 속하는 계급의 상대도수는 ☐ 이므로 학생 수는
☐ × ☐ = ☐ (명)

(3) 등교하는 데 걸리는 시간이 40분 이상인 학생을 대상으로 버스를 운행한다고 할 때, 이 버스를 탈 수 있는 학생 수를 구하시오.

_____

(풀이) 등교하는 데 걸리는 시간이 40분 이상인 학생이 속하는 계급의 상대도수의 합은 ☐ + ☐ = ☐ 이므로 구하는 학생 수는
☐ × ☐ = ☐ (명)

05 다음은 과학 캠프에 참가한 학생들의 키에 대한 상대도수의 분포를 나타낸 그래프이다. 키가 155 cm 이상 160 cm 미만인 학생이 12명일 때, 물음에 답하시오.

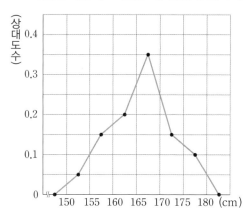

(1) 과학 캠프에 참가한 전체 학생 수를 구하시오.

_____

(2) 키가 160 cm 이상 165 cm 미만인 학생 수를 구하시오.

_____

●●●●● 학교 시험 **바로** 맛보기

06 다음은 어느 반 학생 20명의 공 던지기 기록에 대한 상대도수의 분포를 나타낸 그래프이다. 기록이 5번째로 좋은 학생이 속하는 계급의 상대도수를 구하시오.

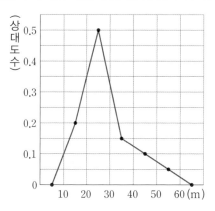

도수의 총합이 다른 두 자료를 비교할 때
(1) 각 계급의 도수를 그대로 비교하는 것보다 상대도수를 구하여 각 계급별로 비교하는 것이 더 편리하다.
(2) 두 자료에 대한 상대도수의 분포를 나타낸 그래프를 함께 나타내어 보면 분포 상태를 한눈에 비교할 수 있다.

도수의 총합이 다른 두 집단의 비교

01 다음은 어느 중학교 1학년과 2학년 학생들의 수학 점수를 조사하여 나타낸 상대도수의 분포표이다. 물음에 답하시오.

수학 점수(점)	1학년 도수(명)	1학년 상대도수	2학년 도수(명)	2학년 상대도수
$50^{이상} \sim 60^{미만}$	40	0.16	30	0.15
60 ~ 70	50	0.2		0.2
70 ~ 80				
80 ~ 90	80		60	
90 ~ 100		0.1	10	0.05
합계	250	1		1

(1) 위의 표를 완성하시오.

(2) 1학년과 2학년 중에서 수학 점수가 70점 이상 80점 미만인 학생의 비율은 어느 쪽이 더 높은지 구하시오.

(3) 1학년과 2학년 중에서 수학 점수가 90점 이상 100점 미만인 학생의 비율은 어느 쪽이 더 높은지 구하시오.

도수의 총합이 다른 두 그래프의 비교

02 아래는 영주네 학교 남학생과 여학생의 100 m 달리기 기록에 대한 상대도수의 분포를 함께 나타낸 그래프이다. 다음 설명 중 옳은 것은 ○표, 틀린 것은 ×표를 쓰시오.

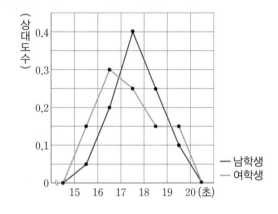

(1) 남학생 수와 여학생 수는 같다.

(2) 100 m 달리기 기록이 16초 이상 17초 미만인 학생의 비율은 여학생이 남학생보다 더 높다.

(3) 100 m 달리기 기록이 16초 이상 17초 미만인 학생은 여학생이 남학생보다 더 많다.

03 다음은 현수네 반 남학생 30명과 여학생 20명의 1분 동안의 윗몸 일으키기 횟수에 대한 상대도수의 분포를 함께 나타낸 그래프이다. 물음에 답하시오.

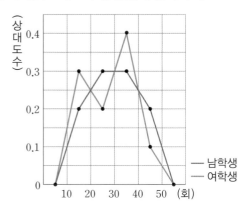

(1) 윗몸 일으키기 횟수가 20회 이상 30회 미만인 남학생 수와 여학생 수를 각각 구하시오.

남학생 수: _____

여학생 수: _____

(2) 남학생과 여학생 중에서 윗몸 일으키기 횟수가 40회 이상인 학생의 비율은 어느 쪽이 더 높은지 구하시오.

_____

(3) 남학생의 그래프와 가로축으로 둘러싸인 부분의 넓이와 여학생의 그래프와 가로축으로 둘러싸인 부분의 넓이의 대소를 비교하시오.

_____

04 다음은 어느 중학교 1반과 2반 학생들의 일주일 동안의 컴퓨터 사용 시간에 대한 상대도수의 분포를 함께 나타낸 그래프이다. 물음에 답하시오.

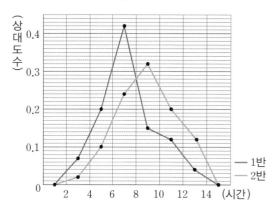

(1) 1반과 2반 중에서 컴퓨터 사용 시간이 4시간 이상 6시간 미만인 학생의 비율은 어느 반이 더 높은지 구하시오.

_____

(2) 1반과 2반 중에서 컴퓨터 사용 시간이 대체적으로 더 긴 반은 어느 쪽인지 말하시오.

_____

🔹🔹🔹🔹 학교 시험 **바로** 맛보기

05 아래는 어느 중학교 1학년 여학생과 남학생의 일주일 동안의 음악 스트리밍 서비스 이용 횟수에 대한 상대도수의 분포를 함께 나타낸 그래프이다. 다음 |보기| 중 옳은 것을 모두 구하시오.

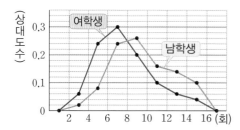

| 보기 |

ㄱ. 남학생 수보다 여학생 수가 더 많다.

ㄴ. 남학생이 여학생보다 음악 스트리밍 서비스 이용 횟수가 대체적으로 더 많다고 할 수 있다.

ㄷ. 남학생의 자료에서 음악 스트리밍 서비스 이용 횟수에 대한 도수가 가장 큰 계급은 8회 이상 10회 미만이다.

1 다음은 희선이네 반 학생들의 일주일 동안의 스마트폰 사용 시간을 조사하여 나타낸 줄기와 잎 그림이다. 이 자료의 중앙값을 a시간, 최빈값을 b시간이라 할 때, $b-a$의 값을 구하시오.

(0|4는 4시간)

줄기	잎
0	4 5 6 7 9
1	0 1 2 2 2 6 8
2	1 2 2

2 3개의 수 a, b, c의 평균이 8일 때, 다음 5개의 수의 평균을 구하시오.

6, a, b, c,   10

3 다음 자료의 최빈값이 6일 때, x의 값과 이 자료의 중앙값을 각각 구하시오.

1,   2,   8,   5, x,   6

4 다음 자료의 대푯값으로 가장 적절한 것을 평균, 중앙값, 최빈값 중에서 말하고, 그 값을 구하시오.

21,   16,   25,   23,   20,   326

5 아래는 진주네 반 학생들의 영어 점수를 조사하여 나타낸 줄기와 잎 그림이다. 다음 중 옳지 <u>않은</u> 것을 모두 고르면? (정답 2개)

(0|2는 2점)

줄기	잎
0	2 5 8 9
1	0 2 4 5
2	0 0 3 4 6 6
3	2 2 2 3 5 7 8
4	2 4 7 9

① 진주네 반 전체 학생 수는 25명이다.
② 학생 수가 가장 많은 점수대는 30점대이다.
③ 점수가 10점 미만인 학생은 전체의 20%이다.
④ 진주의 점수가 33점일 때, 진주보다 점수가 높은 학생 수는 4명이다.
⑤ 점수가 낮은 쪽에서 5번째인 학생의 점수는 10점이다.

6 다음은 효섭이네 반 학생들의 가슴둘레를 조사하여 나타낸 도수분포표이다. 가슴둘레가 80 cm 이상인 학생이 전체의 50 %일 때, 물음에 답하시오.

가슴둘레(cm)	학생 수(명)
$65^{이상} \sim 70^{미만}$	4
70 $\sim$ 75	7
75 $\sim$ 80	
80 $\sim$ 85	16
85 $\sim$ 90	4
합계	

(1) 효섭이네 반 전체 학생 수를 구하시오.

(2) 가슴둘레가 75 cm 이상 80 cm 미만인 학생 수를 구하시오.

8 아래는 어느 여행사에서 단체 여행을 신청한 관광객들의 나이를 조사하여 나타낸 ㈎ 히스토그램과 ㈏ 도수분포다각형이다. 다음 중 옳지 <u>않은</u> 것을 모두 고르면?

(정답 2개)

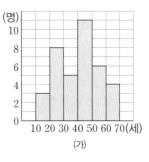
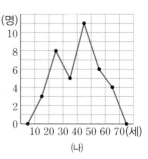

(가)

(나)

① 단체 여행을 신청한 전체 관광객 수는 37명이다.

② 나이가 적은 쪽에서 12번째인 관광객이 속하는 계급의 도수는 5명이다.

③ 단체 여행을 신청한 관광객 중 가장 나이가 많은 관광객의 나이는 알 수 없다.

④ ㈎의 색칠한 부분의 넓이는 ㈏의 색칠한 부분의 넓이보다 크다.

⑤ 도수가 가장 큰 계급의 도수와 도수가 가장 작은 계급의 도수의 차는 7명이다.

7 오른쪽은 선영이네 반 학생들이 하루 동안 걷는 시간을 조사하여 나타낸 히스토그램이다. 하루 동안 걷는 시간이 10번째로 짧은 학생이 속하는 계급의 도수를 구하시오.

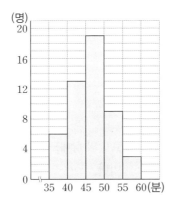

9 오른쪽은 영웅이네 반 학생들의 과학 점수를 조사하여 나타낸 히스토그램인데 일부가 찢어져 보이지 않는다. 과학 점수가 70점 이상 80점 미만인 학생이 전체의 20 %일 때, 영웅이네 반 전체 학생 수를 구하시오.

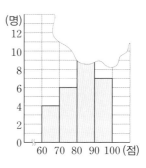

10 다음은 어느 반 학생 40명의 1분 동안의 팔굽혀펴기 기록을 조사하여 나타낸 도수분포다각형이다. 이 반에서 팔굽혀펴기 기록이 상위 20 % 이내에 들려면 최소 몇 회 이상을 해야 하는가?

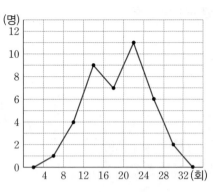

① 12회 ② 16회 ③ 20회

④ 24회 ⑤ 28회

11 다음은 한 상자에 들어 있는 사과 40개의 무게를 조사하여 나타낸 도수분포표이다. 65 g 이상 70 g 미만인 계급의 상대도수를 구하시오.

사과 무게(g)	개수(개)
50이상 ~ 55미만	5
55 ~ 60	8
60 ~ 65	12
65 ~ 70	
70 ~ 75	3
합계	40

12 아래는 여러 가지 과일 30개의 100 g당 열량에 대한 상대도수의 분포를 나타낸 그래프이다. 다음 중 옳은 것을 모두 고르면? (정답 2개)

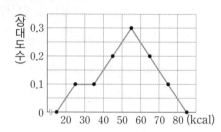

① 열량이 30 kcal 미만인 과일의 개수는 3개이다.

② 열량이 50 kcal 이상인 과일의 개수는 20개이다.

③ 상대도수가 가장 큰 계급은 70 kcal 이상 80 kcal 미만이다.

④ 열량이 50 kcal 미만인 과일은 전체의 35 %이다.

⑤ 열량이 60 kcal 이상인 과일은 전체의 30 %이다.

13 아래는 A반 학생 30명과 B반 학생 40명의 한 학기 동안의 등산 횟수에 대한 상대도수의 분포를 함께 나타낸 그래프이다. 다음 중 옳지 않은 것은?

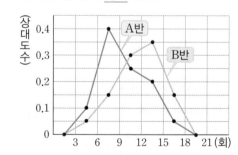

① A반의 상대도수가 B반의 상대도수보다 큰 계급은 2개이다.

② B반이 A반보다 등산 횟수가 대체적으로 더 많다고 할 수 있다.

③ B반의 학생 중 등산 횟수가 12회 이상인 학생은 B반 전체의 40 %이다.

④ 등산 횟수가 6회 미만인 학생은 A반이 B반보다 1명 더 많다.

⑤ A반에서 도수가 가장 큰 계급은 6회 이상 9회 미만이다.

수학이 쉬워지는 완벽한 솔루션

완쏠
개념연산
정답 및 해설

중등수학
1-2

메가스터디BOOKS

정답 및 해설

1. 기본 도형

개념01 점, 선, 면
· 본문 006~007쪽

01 (1) × (2) × (3) × (4) ○
02 (1) 평면도형 (2) 입체도형 (3) 입체도형 (4) 평면도형
03 (1) 점 B **풀이** ▶ B (2) 점 C (3) 선분 AB **풀이** ▶ AB
   (4) 선분 CF
04 (1) 점 C (2) 선분 DE
05 (1) 4개, 6개 **풀이** ▶ 꼭짓점, 모서리
   (2) 8개, 12개 (3) 6개, 9개
06 20

01 (1) 점이 움직인 자리는 선이 된다.
   (2) 한 평면 위에 있는 도형은 평면도형이다.
   (3) 원기둥에서 밑면은 곡면이 아니다.

06 교점의 개수는 꼭짓점의 개수와 같으므로 8개이다.
   즉, $a=8$
   교선의 개수는 모서리의 개수와 같으므로 12개이다.
   즉, $b=12$
   ∴ $a+b=8+12=20$

개념02 직선, 반직선, 선분
· 본문 008~009쪽

01 풀이 참조
02 풀이 참조
03 (1) $\overrightarrow{MN}$(또는 $\overrightarrow{NM}$) (2) $\overrightarrow{MN}$ (3) $\overrightarrow{NM}$ (4) $\overline{MN}$(또는 $\overline{NM}$)
04 (1) ≠ (2) = (3) ≠ (4) = (5) ≠ (6) ≠ (7) =
05 (1) $\overrightarrow{QR}$ (2) $\overrightarrow{RT}$, $\overrightarrow{SR}$ (3) $\overline{TR}$ (4) $\overrightarrow{TS}$
06 ⑤

01 (1) A━━B
   (2) A┈┈B
   (3) A◄━━B
   (4) A┈┈━►B

02 (1) P◄━Q━R
   (2) P◄━Q━R►
   (3) P┈┈Q━R
   (4) P┈┈Q━R

06 ② $\overrightarrow{AB}$와 $\overrightarrow{AC}$는 시작점과 방향이 모두 같으므로
   $\overrightarrow{AB}=\overrightarrow{AC}$
   ⑤ $\overrightarrow{CA}$와 $\overrightarrow{BA}$는 시작점이 다르므로
   $\overrightarrow{CA}\neq\overrightarrow{BA}$
   따라서 옳지 않은 것은 ⑤이다.

개념03 두 점 사이의 거리 / 선분의 중점
· 본문 010~011쪽

01 (1) 4 cm **풀이** ▶ AB, 4 (2) 6 cm (3) 4.5 cm
   (4) 5 cm (5) 8 cm
02 (1) 8 cm (2) 9.5 cm
03 (1) ① 2, 2 ② $\frac{1}{2}$, 5 ③ 5 (2) ① 6 ② 2, 2, 12
04 (1) ① $\frac{1}{3}$ ② 6 ③ 2, 12 (2) ① 2 ② 8 ③ 24
05 (1) 16 cm (2) 8 cm (3) 24 cm
06 (1) 6 cm (2) 12 cm (3) 24 cm (4) 18 cm
07 ⑤

01 (5) $\overline{BC}=\overline{BD}+\overline{DC}=5+3=8(cm)$

05 (1) $\overline{AM}=\frac{1}{2}\overline{AB}=\frac{1}{2}\times32=16(cm)$
   (2) $\overline{AN}=\frac{1}{2}\overline{AM}=\frac{1}{2}\times\frac{1}{2}\overline{AB}=\frac{1}{4}\overline{AB}$
      $=\frac{1}{4}\times32=8(cm)$
   (3) $\overline{NB}=\overline{NM}+\overline{MB}=\overline{AN}+\overline{AM}$
      $=8+16=24(cm)$

06 (1) $\overline{NB}=\overline{MN}=6$ cm
   (2) $\overline{AM}=\overline{MB}=2\overline{MN}=2\times6=12(cm)$
   (3) $\overline{AB}=2\overline{AM}=2\times12=24(cm)$
   (4) $\overline{AN}=\overline{AM}+\overline{MN}=12+6=18(cm)$

07 $\overline{AC}=2\overline{AM}$에서 $\overline{AM}=\overline{MC}$
   $\overline{CB}=2\overline{CN}$에서 $\overline{CN}=\overline{NB}$
   ∴ $\overline{AB}=\overline{AM}+\overline{MC}+\overline{CN}+\overline{NB}=2(\overline{MC}+\overline{CN})$
      $=2\overline{MN}=2\times8=16(cm)$

개념04 각
· 본문 012~013쪽

01 (1) 예각 (2) 직각 (3) 평각 (4) 예각 (5) 둔각
02 (1) 예각 (2) 둔각 (3) 둔각 (4) 예각 (5) 직각 (6) 평각
03 (1) 115° **풀이** ▶ 180, 115 (2) 144° (3) 100° (4) 60°
   (5) 20° **풀이** ▶ 40, 20 (6) 30°
04 (1) 30° **풀이** ▶ 180, 6, 180, 30 (2) 30° (3) 12° (4) 30°
05 40°

03 (2) $\angle x+36°=180°$이므로 $\angle x=144°$
   (3) $55°+\angle x+25°=180°$이므로 $\angle x=100°$
   (4) $90°+\angle x+30°=180°$이므로 $\angle x=60°$
   (6) $3\angle x-18°+22°+86°=180°$이므로
      $3\angle x=90°$ ∴ $\angle x=30°$

04 (2) $2\angle x+4\angle x=180°$이므로

$6\angle x=180°$ ∴ $\angle x=30°$

(3) $6\angle x+\angle x+8\angle x=180°$이므로

$15\angle x=180°$ ∴ $\angle x=12°$

(4) $\angle x+90°+2\angle x=180°$이므로

$3\angle x=90°$ ∴ $\angle x=30°$

05 $\angle x+\angle y+\angle z=180°$이므로

$\angle x=180°\times\dfrac{2}{2+3+4}=180°\times\dfrac{2}{9}=40°$

개념 05 맞꼭지각 · 본문 014~016쪽

01 (1) $\angle DOE$ (2) $\angle FOA$ (3) $\angle EOA$ (4) $\angle BOF$
(5) $\angle AOC$

02 (1) $30°$ 풀이 30 (2) $90°$ (3) $60°$ (4) $120°$ (5) $150°$

03 (1) $41°$ 풀이 $82, 41$ (2) $40°$ (3) $40°$ (4) $77°$ (5) $35°$

04 (1) $25°$ 풀이 $\angle x+5°, 6, 150, 25$ (2) $32°$ (3) $30°$
(4) $31°$ (5) $20°$

05 (1) $\angle x=50°$, $\angle y=130°$ 풀이 $180, 50, 90, 130$
(2) $\angle x=70°$, $\angle y=70°$ (3) $\angle x=31°$, $\angle y=118°$
(4) $\angle x=40°$, $\angle y=60°$ (5) $\angle x=44°$, $\angle y=11°$

06 (1) $55°$ (2) $210°$ (3) $34°$

07 $140°$

02 (2) $\angle DOC=\angle AOF=90°$

(3) $\angle DOE=\angle AOB=90°-30°=60°$

(4) $\angle AOE=\angle AOF+\angle EOF$이고

$\angle EOF=\angle BOC=30°$이므로

$\angle AOE=90°+30°=120°$

(5) $\angle EOC=\angle BOF=60°+90°=150°$

03 (2) $3\angle x-10°=110°$

$3\angle x=120°$ ∴ $\angle x=40°$

(3) $90°+\angle x+50°=180°$ ∴ $\angle x=40°$

(4) $65°+\angle x+38°=180°$ ∴ $\angle x=77°$

(5) $\angle x+110°+\angle x=180°$

$2\angle x=70°$ ∴ $\angle x=35°$

04 (2) $(\angle x+15°)+\angle x+(3\angle x+5°)=180°$

$5\angle x=160°$ ∴ $\angle x=32°$

(3) $(2\angle x+25°)+(\angle x+5°)+2\angle x=180°$

$5\angle x=150°$ ∴ $\angle x=30°$

(4) $(\angle x+10°)+(3\angle x-20°)+(\angle x+35°)=180°$

$5\angle x=155°$ ∴ $\angle x=31°$

(5) $2\angle x+(90°-\angle x)+(3\angle x+10°)=180°$

$4\angle x=80°$ ∴ $\angle x=20°$

---

05 (2) $\angle x=70°$

$40°+70°+\angle y=180°$ ∴ $\angle y=70°$

(3) $2\angle x+90°+28°=180°$, $2\angle x=62°$ ∴ $\angle x=31°$

$\angle y=90°+28°=118°$

(4) $60°+90°+\angle x-10°=180°$ ∴ $\angle x=40°$

$2\angle y=90°+(40°-10°)=120°$ ∴ $\angle y=60°$

(5) $2\angle x-8°=80°$, $2\angle x=88°$ ∴ $\angle x=44°$

$45°+5\angle y+80°=180°$, $5\angle y=55°$ ∴ $\angle y=11°$

06 (1) $2\angle x+90°+40°=180°$, $2\angle x=50°$

∴ $\angle x=25°$

$3\angle y=90°$ ∴ $\angle y=30°$

∴ $\angle x+\angle y=25°+30°=55°$

(2) $2\angle x+90°+\angle x=180°$, $3\angle x=90°$

∴ $\angle x=30°$

$\angle y-30°=2\angle x+90°=60°+90°=150°$

∴ $\angle y=180°$

∴ $\angle x+\angle y=30°+180°=210°$

(3) $(3\angle x-50°)+90°+(2\angle x+35°)=180°$

$5\angle x=105°$ ∴ $\angle x=21°$

$\angle y=3\angle x-50°=63°-50°=13°$

∴ $\angle x+\angle y=21°+13°=34°$

07 $\angle x+90°=2\angle x+50°$

∴ $\angle x=40°$

$\angle x+90°+\angle y=180°$에서

$40°+90°+\angle y=180°$ ∴ $\angle y=50°$

∴ $\angle x+2\angle y=40°+2\times50°=140°$

개념 06 수직과 수선 · 본문 017~019쪽

01 (1) 직각(또는 $90°$) (2) 직교 (3) 수선
(4) $\overleftrightarrow{AB}$(또는 $\overleftrightarrow{AO}$ 또는 $\overleftrightarrow{OB}$)

02 (1) ○ (2) × (3) × (4) ○

03 (1) $\overline{AD}\perp\overline{PB}$ (2) 점 B (3) $\overline{PB}$

04 (1) 점 B (2) 점 D (3) 점 B

05 (1) 점 A (2) $4\,cm$ 풀이 4 (3) $5\,cm$

06 (1) $8\,cm$ (2) $6\,cm$ (3) $6\,cm$

07 (1) 점 E (2) $4\,cm$ (3) $3\,cm$ (4) $5\,cm$

08 (1) 점 D (2) 점 A (3) $4\,cm$ (4) $9\,cm$ (5) $3\,cm$

09 ④

02 (2) 점 M이 $\overleftrightarrow{CD}$의 중점인지는 알 수 없다.
(3) $\overleftrightarrow{CD}$는 $\overline{AB}$의 수직이등분선이다.

05 (3) 점 D와 $\overline{AB}$ 사이의 거리는 $\overline{AD}$의 길이와 같으므로 $5\,cm$이다.

06 (1) 점 D와 $\overline{BC}$ 사이의 거리는 $\overline{DE}$의 길이와 같으므로 8 cm이다.
　　(2) 점 B와 $\overline{DE}$ 사이의 거리는 $\overline{BE}$의 길이와 같으므로 6 cm이다.
　　(3) 점 D와 $\overline{AB}$ 사이의 거리는 $\overline{BE}$의 길이와 같으므로 6 cm이다.

07 (2) 점 D와 $\overline{GH}$ 사이의 거리는 $\overline{DH}$의 길이와 같으므로 4 cm이다.
　　(3) 점 E와 $\overline{BF}$ 사이의 거리는 $\overline{EF}$의 길이와 같으므로 3 cm이다.
　　(4) 점 H와 $\overline{AE}$ 사이의 거리는 $\overline{EH}$의 길이와 같으므로 5 cm이다.

08 (3) 점 C와 $\overline{AD}$ 사이의 거리는 $\overline{AC}$의 길이와 같으므로 4 cm이다.
　　(4) 점 D와 $\overline{AB}$ 사이의 거리는 $\overline{AD}$의 길이와 같으므로 9 cm이다.
　　(5) 점 E와 $\overline{DF}$ 사이의 거리는 $\overline{DE}$의 길이와 같으므로 3 cm이다.

09 ㄹ. 점 D와 $\overline{BC}$ 사이의 거리는 $\overline{AB}$의 길이와 같으므로 4 cm이다.
　　따라서 옳은 것은 ㄱ, ㄴ, ㄷ이다.

기본기 탄탄 문제 개념 **01~06** · 본문 020쪽

1 ②, ④	**2** 교점의 개수: 8개, 교선의 개수: 13개	
3 12개	**4** ③	**5** 45°
6 $\angle x = 20°$, $\angle y = 55°$	**7** ③	**8** 13.8

1 ① 한 점을 지나는 직선은 무수히 많다.
　③ 서로 같은 반직선이 되려면 시작점과 방향이 모두 같아야 한다.
　⑤ 점 A에서 점 B에 이르는 가장 짧은 거리는 $\overline{AB}$이다.
　따라서 옳은 것은 ②, ④이다.

2 주어진 입체도형이 꼭짓점의 개수가 8개이므로 교점의 개수는 8개이고, 모서리의 개수가 13개이므로 교선의 개수는 13개이다.

3 반직선은 $\overrightarrow{AB}$, $\overrightarrow{AC}$, $\overrightarrow{AD}$, $\overrightarrow{BA}$, $\overrightarrow{BC}$, $\overrightarrow{BD}$, $\overrightarrow{CA}$, $\overrightarrow{CB}$, $\overrightarrow{CD}$, $\overrightarrow{DA}$, $\overrightarrow{DB}$, $\overrightarrow{DC}$의 12개이다.

4 ① $\overline{AM} = \overline{BM} = \dfrac{1}{2}\overline{AB}$

　② $\overline{MN} = \overline{NB} = \dfrac{1}{2}\overline{MB}$이므로 $\overline{BM} = 2\overline{NB}$

　③ $\overline{NB} = \dfrac{1}{2}\overline{MB} = \dfrac{1}{2} \times \dfrac{1}{2}\overline{AB} = \dfrac{1}{4}\overline{AB}$

　④ $\overline{AB} = 2\overline{BM} = 4\overline{MN}$

　⑤ $\overline{AN} = \overline{AM} + \overline{MN} = \dfrac{1}{2}\overline{AB} + \dfrac{1}{4}\overline{AB} = \dfrac{3}{4}\overline{AB}$

　　$\therefore \overline{AB} = \dfrac{4}{3}\overline{AN}$

　따라서 옳지 않은 것은 ③이다.

5 $\angle COE = \angle COD + \angle DOE$
　　　　$= \dfrac{1}{4}\angle AOD + \dfrac{1}{4}\angle DOB$
　　　　$= \dfrac{1}{4}\angle AOB = \dfrac{1}{4} \times 180° = 45°$

6 $2\angle y + 30° = 60° + 80°$
　$2\angle y = 110°$　$\therefore \angle y = 55°$
　$60° + 80° + (3\angle x - 20°) = 180°$
　$3\angle x = 60°$　$\therefore \angle x = 20°$

7 $\overleftrightarrow{AD}$와 $\overleftrightarrow{BE}$, $\overleftrightarrow{AD}$와 $\overleftrightarrow{CF}$, $\overleftrightarrow{BE}$와 $\overleftrightarrow{CF}$가 만나서 생기는 맞꼭지각이 각각 2쌍이므로
　$2 \times 3 = 6$(쌍)

8 $a = 9$, $b = 7.2$, $c = 12$이므로
　$a - b + c = 9 - 7.2 + 12 = 13.8$

개념 **07** **점과 직선, 점과 평면의 위치 관계** · 본문 021쪽

01 (1) 점 B, 점 C, 점 D　(2) 점 A, 점 E　(3) 점 A, 점 C
(4) 점 C　(5) 점 E
02 (1) 점 B, 점 C　(2) 점 A, 점 B, 점 C, 점 D
03 ①, ⑤

03 ① 직선 l은 점 C를 지나지 않는다.
　⑤ 평면 P 위에 있는 점은 점 B, 점 C, 점 D의 3개이다.

개념 **08** **평면에서 두 직선의 위치 관계** · 본문 022쪽

01 (1) ○　(2) ○　(3) ×　(4) ○　(5) ○				
02 (1) ○　(2) ○　(3) ×		**03** ④		

01 (1) 변 BC와 변 AF의 연장선은 한 점에서 만난다.
　(2) 변 AB와 변 ED의 연장선은 평행하므로 만나지 않는다.
　(3) 변 EF와 한 점에서 만나는 변은 변 AF와 변 DE이다.
　(4) 변 AF와 변 CD의 연장선은 만나지 않으므로 평행하다.

02 (1) $\overline{BC}$와 $\overline{ED}$는 평행하다.
　(2) $\overline{CD}$와 $\overline{DE}$는 한 점에서 만나고 서로 수직이다.
　(3) $\overline{AB}$와 $\overline{AE}$는 한 점에서 만나지만 서로 수직이 아니다.

03 ① $\overleftrightarrow{BC}$와 $\overleftrightarrow{CD}$는 한 점에서 만난다.
　② $\overleftrightarrow{AB}$와 $\overleftrightarrow{CD}$는 한 점에서 만난다.
　③ $\overleftrightarrow{AB}$와 $\overleftrightarrow{BC}$의 교점은 점 B이다.
　⑤ 점 D에서 $\overleftrightarrow{BC}$에 내린 수선의 발은 오른쪽 그림과 같다.
　따라서 옳은 것은 ④이다.

수선의 발

01 (1) ㄱ (2) ㄹ (3) ㄷ
02 (1) 모서리 AB, 모서리 AD, 모서리 BC, 모서리 CF
(2) 모서리 AD, 모서리 CF
(3) 모서리 AD, 모서리 CF, 모서리 DE, 모서리 EF
(4) 모서리 CF, 모서리 DF, 모서리 EF
풀이▶ CF, DF, EF
03 (1) 모서리 CD (2) 모서리 AC (3) 모서리 BC
04 (1) 모서리 BC, 모서리 FG, 모서리 EH
(2) 모서리 AD, 모서리 EH, 모서리 CD, 모서리 GH
(3) 모서리 AE, 모서리 BF, 모서리 EH, 모서리 FG
05 (1) 모서리 GF
(2) 모서리 BC, 모서리 CD, 모서리 GH, 모서리 HI
(3) 모서리 HI, 모서리 DI, 모서리 FJ, 모서리 EJ
(4) 모서리 AF, 모서리 BG, 모서리 EJ, 모서리 FG,
모서리 GH, 모서리 IJ, 모서리 FJ
06 12

01 (2) 두 모서리의 연장선은 만나지도 않고 평행하지도 않으므로
두 모서리는 꼬인 위치에 있다.

06 모서리 AB와 평행한 모서리는 $\overline{CD}$, $\overline{EF}$, $\overline{GH}$의 3개이므로
$a=3$
모서리 AB와 꼬인 위치에 있는 모서리는 $\overline{CG}$, $\overline{DH}$, $\overline{EH}$, $\overline{FG}$의
4개이므로 $b=4$
$\therefore ab=3\times 4=12$

01 (1) BFGC (2) 면 ABFE, 면 AEHD
(3) 면 ABFE, 면 EFGH (4) 면 BFGC, 면 CGHD
02 (1) EFGH (2) 면 ABFE, 면 DHGC
(3) 모서리 AB, 모서리 EF, 모서리 HG, 모서리 DC
(4) 모서리 AD, 모서리 EH, 모서리 FG, 모서리 BC
03 (1) 면 BEFC (2) 모서리 BE
(3) 모서리 AD, 모서리 BE, 모서리 CF
04 (1) 면 AEHD, 면 BFGC (2) 면 ABFE, 면 EFGH
(3) 모서리 AE, 모서리 BF
05 (1) 면 ADGC (2) 면 ADGC, 면 BEF
(3) 모서리 DE, 모서리 EF, 모서리 FG, 모서리 DG
06 ③

06 ① 면 ABCDE와 평행한 모서리는 $\overline{FG}$, $\overline{GH}$, $\overline{HI}$, $\overline{IJ}$, $\overline{JF}$의 5개
이다.
③ 모서리 BC와 꼬인 위치에 있는 모서리는 $\overline{AF}$, $\overline{DI}$, $\overline{EJ}$, $\overline{FG}$,
$\overline{HI}$, $\overline{IJ}$, $\overline{JF}$의 7개이다.

④ 면 BGHC와 평행한 모서리는 $\overline{AF}$, $\overline{DI}$, $\overline{EJ}$의 3개이다.
⑤ 모서리 AB를 포함하는 면은 면 ABCDE, 면 ABGF의 2개
이다.
따라서 옳지 않은 것은 ③이다.

01 (1) 4개 (2) 면 DCGH (3) 4개 (4) $\overline{EH}$
02 (1) 면 FLKE (2) 6개 **03** ①, ④

01 (1) 면 ABCD와 한 모서리에서 만나는 면은 면 ABFE,
면 BFGC, 면 CGHD, 면 AEHD의 4개이다.
(3) 면 AEHD와 수직인 면은 면 ABCD, 면 BFEA,
면 EFGH, 면 CGHD의 4개이다.

02 (2) 면 GHIJKL과 수직인 면은 면 AGHB, 면 BHIC,
면 CIJD, 면 DJKE, 면 EKLF, 면 AGLF의 6개이다.

03 면 BFHD와 수직인 면은 면 ABCD, 면 EFGH이다.

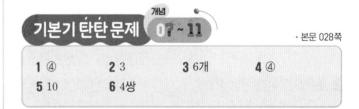

기본기 탄탄 문제 개념 **09~11** · 본문 028쪽

| **1** ④ | **2** 3 | **3** 6개 | **4** ④ |
| **5** 10 | **6** 4쌍 | | |

1 ④ 점 D는 직선 m 위에 있지 않다.

2 오른쪽 그림과 같이 $\overleftrightarrow{AB}$와 한 점에서 만나는
직선은 $\overleftrightarrow{BC}$, $\overleftrightarrow{AF}$, $\overleftrightarrow{CD}$, $\overleftrightarrow{EF}$의 4개이므로
$a=4$
$\overleftrightarrow{AB}$와 평행한 직선은 $\overleftrightarrow{DE}$의 1개이므로
$b=1$
$\therefore a-b=4-1=3$

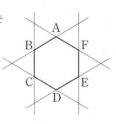

3 대각선 AG와 꼬인 위치에 있는 모서리는
$\overline{BC}$, $\overline{CD}$, $\overline{BF}$, $\overline{DH}$, $\overline{EF}$, $\overline{EH}$의 6개이다.

4 ① 모서리 BE는 면 ABC와 한 점에서 만난다.
② 면 ADEB와 수직인 모서리는 $\overline{BC}$, $\overline{EF}$의 2개이다.
③ 면 ABC와 모서리 DF는 평행하다.
④ 면 ABC와 평행한 모서리는 $\overline{DE}$, $\overline{EF}$, $\overline{DF}$의 3개이다.
⑤ 면 DEF와 수직인 모서리들은 $\overline{AD}$, $\overline{BE}$, $\overline{CF}$이고
이들은 서로 평행하다.
따라서 옳은 것은 ④이다.

5 점 A와 면 EFGH 사이의 거리는 $\overline{\text{AE}}$의 길이와 같으므로 6 cm이다.

∴ $a=6$

점 C와 면 ABFE 사이의 거리는 $\overline{\text{BC}}$의 길이와 같으므로 4 cm이다.

∴ $b=4$

∴ $a+b=6+4=10$

6 서로 평행한 두 면은 면 ABCDEF와 면 GHIJKL, 면 ABHG와 면 EDJK, 면 BHIC와 면 FLKE, 면 CIJD와 면 AGLF의 4쌍 이다.

개념 **12** 동위각과 엇각

01 (1) × (2) ○ (3) × (4) ○
02 (1) ○ (2) × (3) ○ (4) × (5) ○
03 (1) 65° (2) 80° (3) 100°
04 (1) 110° (2) 70° (3) 95°
05 (1) 45, 60 (2) 60° (3) 120°, 135° (4) 45°
06 60°

01 (1) ∠a의 동위각은 ∠e이다.
(3) ∠c의 동위각은 ∠g이고, ∠h의 동위각은 ∠d이다.

02 (1) ∠f와 ∠h는 맞꼭지각이므로 크기가 서로 같다.
(2) ∠e의 엇각은 ∠a와 ∠g이다.
(4) ∠g의 엇각은 ∠e이다.

03 (2) ∠e의 동위각은 ∠c이므로 ∠$c=180°-100°=80°$
(3) ∠f의 엇각은 ∠b이므로 ∠$b=100°$ (맞꼭지각)

04 (1) ∠a의 엇각은 ∠f이므로 ∠$f=110°$ (맞꼭지각)
(2) ∠c의 동위각은 ∠d이므로 ∠$d=180°-110°=70°$

05 (1) 오른쪽 그림에서 ∠a의 동위각은 2개이다.
따라서 ∠a의 동위각의 크기는
45°, 180°-120°=60°

(2) 오른쪽 그림에서 ∠a의 엇각의 크기는
180°-120°=60°

(3) 오른쪽 그림에서 ∠b의 동위각의 크기는
120°(맞꼭지각), 180°-45°=135°

(4) 오른쪽 그림에서 ∠c의 엇각의 크기는
45°이다.

06 ∠$a=180°-110°=70°$
∠$b=180°-50°=130°$
∴ ∠b−∠$a=130°-70°=60°$

개념 **13** 평행선의 성질

01 (1) 110° (2) 80° (3) 125° (4) 105°
02 (1) 115° (2) 65° (3) 65° (4) 115°
03 (1) 70, 65 (2) ∠$x=104°$, ∠$y=68°$
(3) ∠$x=106°$, ∠$y=68°$ (4) ∠$x=125°$, ∠$y=92°$
(5) ∠$x=45°$, ∠$y=88°$
04 (1) 110° [풀이] ▶ 60, 110
(2) 105° (3) 42°
05 ∠$x=70°$, ∠$y=70°$

01 (1) ∠x의 동위각의 크기는 110°이다.
(2) ∠x의 동위각의 크기는 80°이다.
(3) ∠x의 엇각의 크기는 125°이다.
(4) ∠x의 엇각의 크기는 105°이다.

02 (1) 맞꼭지각이므로 ∠$a=115°$
(2) ∠$b=180°-115°=65°$
(3) ∠c의 엇각은 ∠b이고 ∠$b=65°$이다.
(4) ∠d의 엇각의 크기는 115°이다.

03 (1) ∠$x=70°$ (엇각), ∠$y=180°-115°=65°$ (동위각)
(2) ∠$x=104°$ (엇각), ∠$y=68°$ (동위각)
(3) ∠$x=180°-74°=106°$, ∠$y=180°-112°=68°$
(4) ∠$x=180°-55°=125°$, ∠$y=180°-88°=92°$
(5) ∠x의 동위각은 45°와 맞꼭지각이므로 ∠$x=45°$
∠$y=180°-92°=88°$

04 (2) ∠$x=45°+60°=105°$
(3) 90°+∠$x+48°=180°$이므로 ∠$x=42°$

05 $l/\!/m$이므로 ∠$x=70°$ (동위각)
$p/\!/m$이므로 ∠$y=70°$ (동위각)

개념 **14** 평행선이 되기 위한 조건

01 (1) ○ [풀이] ▶ 같으므로, 평행하다
(2) × (3) ○ (4) ○
02 (1) n [풀이] ▶ 95, n (2) $l/\!/n$
03 ③

01 (2) 동위각의 크기가 다르므로 두 직선 l과 m은 평행하지 않다.
(3) 엇각의 크기가 같으므로 두 직선 l과 m은 평행하다.
(4) 엇각의 크기가 45°로 같으므로 두 직선 l과 m은 평행하다.

02 (2) l과 n의 동위각의 크기가 80°로 같으므로
$l/\!/n$이다.

1. 기본 도형 • **005**

03 ① $\angle a = \angle e$이면 동위각의 크기가 같으므로 $l /\!/ m$이다.

② $\angle b = \angle h$이면 엇각의 크기가 같으므로 $l /\!/ m$이다.

③ $\angle c$와 $\angle a$는 맞꼭지각이므로 항상 $\angle c = \angle a$이다.

즉, $l /\!/ m$인지는 알 수 없다.

④ $l /\!/ m$이면 $\angle d = \angle h$ (동위각)이고 $\angle h = \angle f$ (맞꼭지각)이므로

$\angle d = \angle f$

⑤ $l /\!/ m$이면 $\angle g = \angle c$ (동위각)이므로

$\angle b + \angle g = \angle b + \angle c = 180°$

따라서 옳지 않은 것은 ③이다.

개념 15 평행선에서 각의 크기 구하기(1) · 본문 034~035쪽

01 (1) $90°$ **풀이** 30, 60, 30, 60, 90   (2) $18°$ (3) $40°$

(4) $50°$ (5) $110°$ (6) $130°$ (7) $100°$

02 (1) $40°$ **풀이** 15, 35, 25, 15, 40   (2) $133°$ (3) $20°$

(4) $80°$ (5) $144°$ (6) $132°$ (7) $85°$ (8) $150°$

03 ①

---

01 (2)
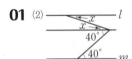

$\angle x + 40° = 58°$

$\therefore \angle x = 18°$

(3)
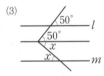

$50° + \angle x = 90°$

$\therefore \angle x = 40°$

(4)

$\angle x + 45° = 95°$

$\therefore \angle x = 50°$

(5)

$\angle x = 50° + 60° = 110°$

(6)
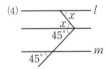

$\angle x = 60° + 70° = 130°$

(7)
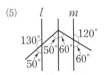

$\angle x = 48° + 52° = 100°$

02 (2)
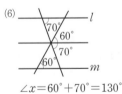

$\angle x = 48° + 85° = 133°$

(3)

$\angle x = 20°$

(4)

$\angle x = 10° + 70° = 80°$

(5)

$\angle x = 26° + 118° = 144°$

---

(6)
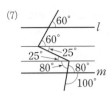
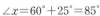

$\angle x = 92° + 40° = 132°$

(7)

$\angle x = 60° + 25° = 85°$

(8)
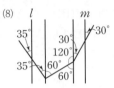

$\angle x = 120° + 30° = 150°$

03 오른쪽 그림과 같이 두 직선 l, m과 평행한 두 직선 p, q를 그으면

$\angle x = 10°$
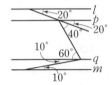

개념 16 평행선에서 각의 크기 구하기(2) · 본문 036~037쪽

01 (1) $50°$ **풀이** 80, 100, 50   (2) $80°$ (3) $48°$ (4) $77°$

(5) $20°$

02 (1) $80°$ **풀이** 40, 40, 80   (2) $80°$ (3) $36°$ (4) $43°$

(5) $116°$ (6) $55°$ (7) $68°$

03 $80°$

---

01 (2) $\angle x = 180° - (70° + 30°) = 80°$

(3) $\angle x = 180° - (32° + 100°) = 48°$

(4) $\angle x = 180° - (75° + 28°) = 77°$

(5) $\angle x = 180° - (105° + 55°) = 20°$

02 (2) $\angle x = 180° - (50° + 50°) = 80°$

(3) $\angle x = 180° - (72° + 72°) = 36°$
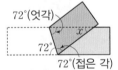

(4) $2\angle x = 86°$ (엇각)

$\therefore \angle x = 43°$

(5) $\angle x = 58° + 58° = 116°$ (엇각)
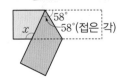

---

(6) $\angle x = 180° - 125° = 55°$

(7) $\angle x + \angle x + 44° = 180°$

$2\angle x = 136°$ ∴ $\angle x = 68°$

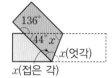

03

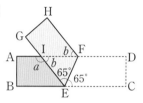

위의 그림에서 $\angle IEF = \angle FEC = 65°$ (접은 각)

$\angle AIE = \angle IEC$ (엇각)이므로

$\angle a = 65° + 65° = 130°$

$\angle EIF = \angle IFH = \angle b$ (엇각)이므로

$\angle b = 180° - \angle a = 180° - 130° = 50°$

∴ $\angle a - \angle b = 130° - 50° = 80°$

기본기 탄탄 문제 개념 **12 ~ 16**

· 본문 038쪽

1 ②	**2** 100°	**3** ④	**4** 90°
5 14°	**6** 35°		

1 오른쪽 그림에서 $l /\!/ m$이므로

$\angle x + 60° = 105°$ (엇각)

∴ $\angle x = 45°$

$\angle y + \angle x + 60° = 180°$에서

$\angle y + 45° + 60° = 180°$

∴ $\angle y = 75°$

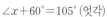

2 $\angle BCD = \angle ABC = \angle x + 30°$(엇각)

$\angle BCD + \angle DCE = 180°$에서

$(\angle x + 30°) + (2\angle x - 60°) = 180°$

$3\angle x = 210°$ ∴ $\angle x = 70°$

∴ $\angle BCD = 70° + 30° = 100°$

3 ①, ② 동위각의 크기가 같으므로 $l /\!/ m$이다.

③, ⑤ 엇각의 크기가 같으므로 $l /\!/ m$이다.

④ 동위각의 크기가 같지 않으므로 두 직선 l, m은 서로 평행하지 않다.

따라서 두 직선 l, m이 평행하지 않은 것은 ④이다.

4 오른쪽 그림과 같이 두 직선 l, m에 평행한 두 직선 p, q를 그으면

$64° - \angle x = \angle y - 26°$

∴ $\angle x + \angle y = 64° + 26° = 90°$

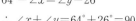
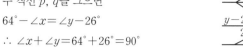

5 오른쪽 그림에서 점 D를 지나면서 두 직선 l, m에 평행한 직선 n을 그으면

$\angle ADC = 90°$이므로

$32° + (2\angle x + 30°) = 90°$

$2\angle x = 28°$ ∴ $\angle x = 14°$

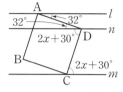

6 오른쪽 그림에서 $l /\!/ m$이고, 삼각형의 세 각의 크기의 합은 $180°$이므로

$45° + (\angle x + 10°) + (2\angle x + 20°)$

$= 180°$

$3\angle x = 105°$ ∴ $\angle x = 35°$

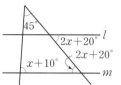

2. 작도와 합동

개념 17 작도
· 본문 040~041쪽

01 (1) 눈금 없는 자, 컴퍼스   (2) 눈금 없는 자   (3) 컴퍼스
02 풀이 참조   **03** 컴퍼스
04 (1) ㉡, ㉤, ㉠, ㉣, ㉢   (2) ① $\overline{CD}$ ② CO′D
　　(3) $\overline{OB}$, $\overline{O'C}$, $\overline{O'D}$
05 Q, C, $\overline{AB}$, $\overline{AB}$, D   **06** ④

02
P   Q

06 ④ $\overline{OA}=\overline{OB}=\overline{PC}=\overline{PD}$이지만 $\overline{PC}=\overline{CD}$인지는 알 수 없다.

개념 18 삼각형 ABC
· 본문 042~043쪽

01 (1) $\overline{EF}$ (2) $\overline{DF}$ (3) $\overline{DE}$ (4) ∠F   (5) ∠D
02 (1) 25 cm   (2) 22 cm   (3) 60°   (4) 77°   (5) 43°
03 (1) × 　풀이▶ <, 없다   (2) ○   (3) ×   (4) ○
04 (1) 2<x<10 　풀이▶ ❶ 6, 10 ❷ <, >, 2, 2, 10
　　(2) 2<x<6   (3) 6<x<8
　　(4) 4<x<14   (5) 4<x<16
05 ①, ⑤

03 (2) 3+4>5이므로 삼각형을 만들 수 있다.
　　(3) 7+7=14이므로 삼각형을 만들 수 없다.
　　(4) 4+8>8이므로 삼각형을 만들 수 있다.

04 (2) 가장 긴 변의 길이가 x일 때 x<2+4   ∴ x<6
　　가장 긴 변의 길이가 4일 때 4<2+x ∴ x>2
　　∴ 2<x<6
　　(3) 가장 긴 변의 길이가 x일 때 x<1+7   ∴ x<8
　　가장 긴 변의 길이가 7일 때 7<1+x ∴ x>6
　　∴ 6<x<8
　　(4) 가장 긴 변의 길이가 x일 때 x<5+9   ∴ x<14
　　가장 긴 변의 길이가 9일 때 9<5+x ∴ x>4
　　∴ 4<x<14
　　(5) 가장 긴 변의 길이가 x일 때 x<6+10   ∴ x<16
　　가장 긴 변의 길이가 10일 때 10<6+x ∴ x>4
　　∴ 4<x<16

05 ① 6=2+4 (×)   　② 5<3+4 (○)
　　③ 10<5+7 (○)   ④ 6<6+6 (○)
　　⑤ 18>8+9 (×)
　　따라서 삼각형의 세 변의 길이가 될 수 없는 것은 ①, ⑤이다.

개념 19 삼각형의 작도
· 본문 044~045쪽

01 ❶ BC   ❷ c ❸ b, A   ❹ AB, AC
02 ❶ XBY   ❷ a, C   ❸ c, A   ❹ AC
03 ❶ BC   ❷ YBC, XCB   ❸ A
04 (1) ×   (2) ○   (3) ○
05 풀이 참조   **06** ③

04 (1) ∠A는 $\overline{AB}$와 $\overline{BC}$의 끼인각이 아니다.

05 (1) 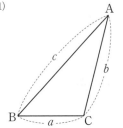   (2)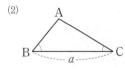

06 다음 두 가지 방법으로 삼각형을 작도할 수 있다.
　　(i) ∠A를 작도한 후 $\overline{AB}$, $\overline{AC}$를 작도하고 $\overline{BC}$를 작도한다.
　　(ii) $\overline{AB}$(또는 $\overline{AC}$)를 작도한 후 ∠A를 작도하고 $\overline{AC}$(또는 $\overline{AB}$)를
　　작도한 후 $\overline{BC}$를 작도한다.

개념 20 삼각형이 하나로 정해지는 조건
· 본문 046~047쪽

01 (1) ○   (2) ×   (3) ○   (4) ×
02 (1) ○   (2) ○   (3) ×   (4) ○
03 (1) ○   (2) ○   (3) ×   (4) ○   (5) ×
04 (1) $\overline{AC}$ 풀이▶ $\overline{AC}$ (2) ∠B
05 (1) $\overline{AB}$ (2) ∠B 또는 ∠C   풀이▶ B, C
06 ③

01 (1) 5<2+4이므로 삼각형이 하나로 정해진다.
　　(2) 두 변의 길이와 그 끼인각이 아닌 다른 한 각의 크기가 주어진
　　경우에는 삼각형이 하나로 정해지지 않는다.
　　(3) 한 변의 길이와 그 양 끝 각의 크기가 주어졌으므로 삼각형이
　　하나로 정해진다.
　　(4) 세 각의 크기가 주어진 경우에는 무수히 많은 삼각형을 그릴
　　수 있다.

02 (2) 삼각형의 세 각의 크기의 합은 180°이므로 ∠B와 ∠C의 크기
　　를 알면 ∠A의 크기도 알 수 있다.
　　따라서 한 변의 길이와 그 양 끝 각의 크기가 주어졌으므로 삼
　　각형을 하나로 작도할 수 있다.
　　(3) ∠A는 $\overline{AB}$와 $\overline{BC}$의 끼인각이 아니므로 삼각형을 하나로 작도
　　할 수 없다.

03 (3) 세 각의 크기가 주어지면 모양은 같고 크기가 다른 삼각형이 무수히 많이 그려진다.

(5) ∠A가 $\overline{AB}$와 $\overline{BC}$의 끼인각이 아니므로 삼각형이 하나로 정해지지 않는다.

06 ㄱ. ∠A+∠B=180°이므로 삼각형이 만들어지지 않는다.

ㄴ. ∠B=180°−(70°+45°)=65°

즉, 한 변의 길이와 그 양 끝 각의 크기가 주어졌으므로 △ABC는 하나로 정해진다.

ㄷ. 두 변의 길이와 그 끼인각이 주어졌으므로 △ABC는 하나로 정해진다.

ㄹ. ∠B가 $\overline{AB}$와 $\overline{CA}$의 끼인각이 아니므로 △ABC는 하나로 정해지지 않는다.

따라서 △ABC가 하나로 정해지기 위해 필요한 나머지 한 조건은 ㄴ, ㄷ이다.

개념 **21** 도형의 합동 · 본문 048~049쪽

01 (1) × (2) ○ (3) × (4) ○ (5) ×
02 (1) 점 E (2) $\overline{FG}$ (3) ∠H (4) ∠B
03 (1) 점 E (2) 25° (3) 100° (4) 55° (5) 5 cm (6) 6 cm
04 (1) 70° (2) 75° (3) 9 cm
05 99

03 (2) ∠C=∠F=25°

(3) ∠E=∠B=100°

(4) ∠D=∠A=55°

(5) $\overline{EF}=\overline{BC}$=5 cm

(6) $\overline{AC}=\overline{DF}$=6 cm

04 (1) ∠A=∠E=70°

(2) ∠G=∠C=95°이고

사각형의 네 각의 크기의 합은 360°이므로

∠F=360°−(120°+70°+95°)=75°

∴ ∠B=∠F=75°

(3) $\overline{EF}=\overline{AB}$=9 cm

05 △ABC≡△FED이므로

$\overline{BC}=\overline{ED}$=9 cm ∴ x=9

또 ∠E=∠B=50°이고

△FED에서

∠F=180°−(∠D+∠E)

=180°−(40°+50°)=90°

∴ y=90

∴ x+y=9+90=99

개념 **22** 삼각형의 합동 조건 · 본문 050~051쪽

01 (1) ASA 합동 **풀이** ▶ ASA (2) SAS 합동

(3) SSS 합동
02 (1) ㄴ (2) ㄱ
03 (1) ○ (2) × (3) ○ (4) × (5) ○
04 $\overline{AC}=\overline{DF}$ **05** $\overline{BC}=\overline{EF}$
06 ①, ③

01 (2) 대응하는 두 변의 길이가 각각 같고, 그 끼인각의 크기가 같으므로 SAS 합동이다.

(3) 대응하는 세 변의 길이가 각각 같으므로 SSS 합동이다.

02 (1) ㄴ. 대응하는 두 변의 길이와 그 끼인각의 크기가 각각 같으므로 SAS 합동이다.

(2) ㄱ. 대응하는 한 변의 길이와 그 양 끝 각의 크기가 각각 같으므로 ASA 합동이다.

03 (1) 대응하는 두 변의 길이와 그 끼인각의 크기가 각각 같으므로 SAS 합동이다.

(2) ∠A와 ∠D는 끼인각이 아니다.

(3) 대응하는 세 변의 길이가 각각 같으므로 SSS 합동이다.

(4) ∠B와 ∠E는 끼인각이 아니다.

(5) 대응하는 한 변의 길이와 그 양 끝 각의 크기가 각각 같으므로 ASA 합동이다.

06 ② $\overline{BC}=\overline{EF}$이면 대응하는 두 변의 길이가 각각 같고 그 끼인각의 크기가 같으므로 SAS 합동이다.

④, ⑤ ∠A=∠D 또는 ∠C=∠F이면 대응하는 한 변의 길이가 같고, 그 양 끝 각의 크기가 각각 같으므로 ASA 합동이다.

따라서 필요한 조건이 아닌 것은 ①, ③이다.

기본기 탄탄 문제 개념 **17 ~ 22** · 본문 052쪽

1 ②	2 5개	3 ④	4 ④
5 ③	6 ③		

1 ② $\overline{QR}=\overline{AB}$인지는 알 수 없다.

⑤ ㉠ 점 P를 지나는 직선을 그어 직선 l과의 교점을 A라 한다.

㉢ 점 A를 중심으로 하는 원을 그려 $\overrightarrow{AP}$, 직선 l과의 교점을 각각 B, C라 한다.

㉣ 점 P를 중심으로 하고 반지름의 길이가 $\overline{AB}$인 원을 그려 $\overrightarrow{AP}$와의 교점을 R이라 한다.

㉤ 컴퍼스로 $\overline{BC}$의 길이를 잰다.

ⓒ 점 R을 중심으로 하고 반지름의 길이가 $\overline{BC}$인 원을 그려 ⓔ에
서 그린 원과의 교점을 Q라 한다.

ⓒ $\overleftrightarrow{QP}$를 그으면 $\overleftrightarrow{QP}$가 직선 l에 평행한 직선이다.

즉, 작도 순서는 ㉠ → ㉢ → ㉣ → ㉤ → ㉡ → ㉦이다.

따라서 옳지 않은 것은 ②이다.

2 (i) 가장 긴 변의 길이가 x cm일 때

   $x<3+5$ $\therefore x<8$

   (ii) 가장 긴 변의 길이가 5 cm일 때

   $5<3+x$ $\therefore x>2$

   따라서 (i), (ii)에서 $2<x<8$이므로 x의 값이 될 수 있는 자연수는
   3, 4, 5, 6, 7의 5개이다.

3 ④ 나머지 한 각의 크기는

   $180°-(35°+105°)=40°$

   따라서 주어진 삼각형과 대응하는 한 변의 길이가 같고 그 양 끝
   각의 크기가 각각 같으므로 ASA 합동이다.

4 ① ∠A가 $\overline{AB}$와 $\overline{BC}$의 끼인각이 아니므로 △ABC는 하나로 정해
   지지 않는다.

   ② ∠B가 $\overline{AB}$와 $\overline{AC}$의 끼인각이 아니므로 △ABC는 하나로 정해
   지지 않는다.

   ③ $9=5+4$이므로 삼각형이 만들어지지 않는다.

   ④ 한 변의 길이와 그 양 끝 각의 크기가 주어졌으므로 △ABC는
   하나로 정해진다.

   ⑤ 삼각형이 무수히 많이 만들어진다.

   따라서 △ABC가 하나로 정해지는 것은 ④이다.

5 △OAB와 △OCD에서

   $\overline{OA}=\overline{OC}$ (①), $\overline{OB}=\overline{OD}$ (②)이고

   ∠AOB=∠COD (맞꼭지각) (④)

   $\therefore$ △OAB≡△OCD (SAS 합동) (⑤)

   따라서 옳지 않은 것은 ③이다.

6 △ABD와 △BCE에서

   $\overline{BD}=\boxed{\overline{CE}}$이고,

   △ABC는 정삼각형이므로

   $\overline{AB}=\boxed{\overline{BC}}$, ∠ABD$=\boxed{∠BCE}=60°$

   따라서 대응하는 두 변의 길이가 각각 같고, 그 끼인각의 크기가 같
   으므로

   △ABD≡$\boxed{△BCE}$ ($\boxed{SAS}$ 합동)

---

3. 평면도형의 성질

개념 **23** 다각형 / 정다각형   · 본문 054~055쪽

01 (1) × (2) × (3) ○
02 (1) $\overline{AB}, \overline{BC}, \overline{CD}, \overline{DA}$ (2) 점 A, 점 B, 점 C, 점 D
   (3) ∠A, ∠B, ∠C, ∠D (4) ∠DCE
03 (1) 100° (2) 80° 풀이 ▶ 180, 180, 80 (3) 105° (4) 70°
04 ㄱ, ㄹ, ㅂ
05 (1) × (2) ○ (3) × (4) ○ (5) × (6) ×
06 정팔각형

03 (3) (∠D의 내각)$+75°=180°$ $\therefore$ (∠D의 내각)$=105°$

04 정다각형은 모든 변의 길이가 같고, 모든 내각의 크기가 같다.

05 (5) 네 변의 길이가 모두 같은 사각형은 마름모이다.
   (6) 네 내각의 크기가 모두 같은 사각형은 직사각형이다.

06 조건 (가)에서 구하는 다각형은 팔각형이다.
   조건 (나), (다)에서 구하는 다각형은 정다각형이다.
   따라서 조건을 모두 만족시키는 다각형은 정팔각형이다.

개념 **24** 다각형의 대각선의 개수   · 본문 056~057쪽

01 (1) 1개 풀이 ▶ 4, 1 (2) 2개 (3) 3개 (4) 5개
   (5) $(n-3)$개
02 (1) 육각형 풀이 ▶ 3, 6, 육각형 (2) 칠각형 (3) 구각형
   (4) 십이각형 (5) 십칠각형
03 (1) 2개 풀이 ▶ 4, 4, 2 (2) 9개 (3) 27개
   (4) 20개 풀이 ▶ 8, 팔각형, 8, 8, 20 (5) 35개 (6) 65개
04 (1) 오각형 풀이 ▶ 3, 3, 5, 5, 오각형 (2) 칠각형
   (3) 십오각형
05 102

01 (2) $5-3=2$(개)
   (3) $6-3=3$(개)
   (4) $8-3=5$(개)

02 (2) 구하는 다각형을 n각형이라 하면
   $n-3=4$에서 $n=7$, 즉 칠각형
   (3) 구하는 다각형을 n각형이라 하면
   $n-3=6$에서 $n=9$, 즉 구각형
   (4) 구하는 다각형을 n각형이라 하면
   $n-3=9$에서 $n=12$, 즉 십이각형
   (5) 구하는 다각형을 n각형이라 하면
   $n-3=14$에서 $n=17$, 즉 십칠각형

03 (2) $\dfrac{6\times(6-3)}{2}=9$(개)

(3) $\dfrac{9\times(9-3)}{2}=27$(개)

(5) 주어진 다각형을 n각형이라 하면

$n-3=7$에서 $n=10$, 즉 십각형

따라서 십각형의 대각선의 개수는 $\dfrac{10\times(10-3)}{2}=35$(개)

(6) 주어진 다각형을 n각형이라 하면

$n-3=10$에서 $n=13$, 즉 십삼각형

따라서 십삼각형의 대각선의 개수는 $\dfrac{13\times(13-3)}{2}=65$(개)

04 (2) 구하는 다각형을 n각형이라 하면

$\dfrac{n\times(n-3)}{2}=14$에서

$n\times(n-3)=28=7\times4$ $\therefore n=7$

따라서 구하는 다각형은 칠각형이다.

(3) 구하는 다각형을 n각형이라 하면

$\dfrac{n\times(n-3)}{2}=90$에서

$n\times(n-3)=180=15\times12$ $\therefore n=15$

따라서 구하는 다각형은 십오각형이다.

05 십오각형의 한 꼭짓점에서 그을 수 있는 대각선의 개수는

$15-3=12$(개) $\therefore a=12$

십오각형의 대각선의 개수는 $\dfrac{15\times(15-3)}{2}=90$(개) $\therefore b=90$

$\therefore a+b=12+90=102$

개념 25 삼각형의 세 내각의 크기의 합 · 본문 058~059쪽

01 (1) 70° **풀이** 180, 70 (2) 55° (3) 40° (4) 67°

(5) 20° (6) 30°

02 (1) 70° **풀이** 50, 50, 70 (2) 65°

(3) 40° **풀이** 50, 50, 40 (4) 35° (5) 80°

03 (1) 100° **풀이** 180, 9, 180, 20, 20, 100

(2) 90° (3) 90° (4) 105° (5) 100°

04 25°

01 (2) $35°+\angle x+90°=180°$

$\angle x+125°=180°$ $\therefore \angle x=55°$

(3) $\angle x+120°+20°=180°$

$\angle x+140°=180°$ $\therefore \angle x=40°$

(4) $39°+74°+\angle x=180°$

$\angle x+113°=180°$ $\therefore \angle x=67°$

(5) $3\angle x+80°+2\angle x=180°$

$5\angle x=100°$ $\therefore \angle x=20°$

(6) $2\angle x+90°+\angle x=180°$

$3\angle x=90°$ $\therefore \angle x=30°$

---

02 (2) $\angle ABC=60°$이므로 $\angle x=180°-(55°+60°)=65°$

(4) $\triangle ADC$에서 $\angle CAD=180°-(90°+35°)=55°$

$\therefore \angle x=90°-55°=35°$

(5) $2\bullet+60°+40°=180°$

$2\bullet=80°$ $\therefore \bullet=40°$

$\triangle ABD$에서 $40°+60°+\angle x=180°$ $\therefore \angle x=80°$

03 (2) 세 내각의 크기를 각각 $\angle x$, $2\angle x$, $3\angle x$라 하면

$\angle x+2\angle x+3\angle x=180°$

$6\angle x=180°$ $\therefore \angle x=30°$

따라서 가장 큰 내각의 크기는 $3\angle x=3\times30°=90°$

(3) 세 내각의 크기를 각각 $2\angle x$, $3\angle x$, $5\angle x$라 하면

$2\angle x+3\angle x+5\angle x=180°$

$10\angle x=180°$ $\therefore \angle x=18°$

따라서 가장 큰 내각의 크기는 $5\angle x=5\times18°=90°$

(4) 세 내각의 크기를 각각 $\angle x$, $4\angle x$, $7\angle x$라 하면

$\angle x+4\angle x+7\angle x=180°$

$12\angle x=180°$ $\therefore \angle x=15°$

따라서 가장 큰 내각의 크기는 $7\angle x=7\times15°=105°$

(5) 세 내각의 크기를 각각 $3\angle x$, $5\angle x$, $10\angle x$라 하면

$3\angle x+5\angle x+10\angle x=180°$

$18\angle x=180°$ $\therefore \angle x=10°$

따라서 가장 큰 내각의 크기는 $10\angle x=10\times10°=100°$

04 $(2\angle x+20°)+3\angle x+(\angle x+10°)=180°$

$6\angle x=150°$ $\therefore \angle x=25°$

개념 26 삼각형의 내각과 외각의 관계 · 본문 060~061쪽

01 (1) 100° **풀이** 60, 100 (2) 110° (3) 130° (4) 95°

(5) 60° (6) 70° (7) 35° (8) 35°

02 (1) 35° **풀이** 105, 105, 35 (2) 40°

(3) 80° **풀이** 60, 60, 80

03 (1) $\angle x=65°$, $\angle y=25°$ **풀이** 65, 25

(2) $\angle x=100°$, $\angle y=45°$

(3) $\angle x=35°$, $\angle y=115°$ **풀이** 70, 35, 35, 115

(4) $\angle x=40°$, $\angle y=105°$

04 30°

01 (2) $\angle x=75°+35°=110°$

(3) $\angle x=90°+40°=130°$

(4) $\angle x=65°+30°=95°$

(5) $\angle x+70°=130°$ $\therefore \angle x=60°$

(6) $\angle x+45°=115°$ $\therefore \angle x=70°$

(7) $\angle x+35°=70°$ $\therefore \angle x=35°$

(8) $\angle x+55°=90°$ $\therefore \angle x=35°$

02 (2) $\angle x+(2\angle x-10^\circ)=110^\circ$

$3\angle x=120^\circ$ $\therefore \angle x=40^\circ$

03 (2) $\angle x=180^\circ-(30^\circ+50^\circ)=100^\circ$

$\angle y+55^\circ=100^\circ$ $\therefore \angle y=45^\circ$

(4) $2\angle x=180^\circ-(65^\circ+35^\circ)=80^\circ$ $\therefore \angle x=40^\circ$

$\therefore \angle y=\angle x+65^\circ=40^\circ+65^\circ=105^\circ$

04 $(\angle x+28^\circ)+42^\circ=2\angle x+40^\circ$이므로

$\angle x+70^\circ=2\angle x+40^\circ$ $\therefore \angle x=30^\circ$

개념 27 삼각형의 내각과 외각의 응용 · 본문 062~064쪽

01 (1) $\angle x=75^\circ$, $\angle y=35^\circ$ 풀이▶ 75, 75, 35

(2) $\angle x=105^\circ$, $\angle y=80^\circ$

02 (1) 70° 풀이▶ 35, 70 (2) 45°

03 (1) 25° 풀이▶ ❶ 25 ❷ 25 (2) 40°

(3) 60° 풀이▶ ❶ 30 ❷ 60 (4) 72°

04 (1) 120° 풀이▶ ❶ 180, 120, 60 ❷ 180, 60, 180, 120

(2) 125°

(3) 40° 풀이▶ ❶ 180, 70, 140 ❷ 180, 140, 180, 40

(4) 80°

05 (1) 75° 풀이▶ ❶ 25 ❷ 25, 50 ❸ 50 ❹ 50, 75

(2) 90° (3) 28° (4) 34° (5) 60° (6) 96°

06 30°

---

01 (2) $\angle x=65^\circ+40^\circ=105^\circ$

$\angle y+25^\circ=105^\circ$ $\therefore \angle y=80^\circ$

02 (2) $35^\circ+70^\circ=\angle x+60^\circ$ $\therefore \angle x=45^\circ$

03 (2) $\triangle ABC$에서 $80^\circ+2\bullet=2\blacktriangle$이므로

$80^\circ=2\blacktriangle-2\bullet$ $\therefore \blacktriangle-\bullet=40^\circ$

$\triangle DBC$에서 $\angle x+\bullet=\blacktriangle$이므로

$\angle x=\blacktriangle-\bullet=40^\circ$

(4) $\triangle DBC$에서 $\bullet+36^\circ=\blacktriangle$이므로 $\blacktriangle-\bullet=36^\circ$

$\triangle ABC$에서 $\angle x+2\bullet=2\blacktriangle$이므로

$\angle x=2\blacktriangle-2\bullet=2(\blacktriangle-\bullet)=2\times36^\circ=72^\circ$

04 (2) $\triangle ABC$에서 $70^\circ+2\bullet+2\blacktriangle=180^\circ$이므로

$2\bullet+2\blacktriangle=110^\circ$ $\therefore \bullet+\blacktriangle=55^\circ$

$\triangle DBC$에서 $\angle x+\bullet+\blacktriangle=180^\circ$이므로

$\angle x+55^\circ=180^\circ$ $\therefore \angle x=125^\circ$

(4) $\triangle DBC$에서 $130^\circ+\bullet+\blacktriangle=180^\circ$이므로

$\bullet+\blacktriangle=50^\circ$ $\therefore 2\bullet+2\blacktriangle=100^\circ$

$\triangle ABC$에서 $\angle x+2\bullet+2\blacktriangle=180^\circ$이므로

$\angle x+100^\circ=180^\circ$ $\therefore \angle x=80^\circ$

---

05 (2) $\triangle ABC$에서 $\overline{AB}=\overline{AC}$이므로 $\angle ACB=\angle ABC=30^\circ$

$\angle CAD$는 $\triangle ABC$의 한 외각이므로

$\angle CAD=30^\circ+30^\circ=60^\circ$

$\triangle CAD$에서 $\overline{CA}=\overline{CD}$이므로

$\angle CDA=\angle CAD=60^\circ$

$\angle x$는 $\triangle DBC$의 한 외각이므로

$\angle x=30^\circ+60^\circ=90^\circ$

(3) $\triangle ABC$에서 $\overline{AB}=\overline{AC}$이므로 $\angle ACB=\angle ABC=\angle x$

$\angle CAD$는 $\triangle ABC$의 한 외각이므로

$\angle CAD=\angle x+\angle x=2\angle x$

$\triangle CAD$에서 $\overline{CA}=\overline{CD}$이므로 $\angle CDA=\angle CAD=2\angle x$

$\angle DCE$는 $\triangle DBC$의 한 외각이므로

$\angle x+2\angle x=84^\circ$, $3\angle x=84^\circ$ $\therefore \angle x=28^\circ$

(4) $\triangle ABC$에서 $\overline{AB}=\overline{AC}$이므로 $\angle ACB=\angle ABC=\angle x$

$\angle CAD$는 $\triangle ABC$의 한 외각이므로

$\angle CAD=\angle x+\angle x=2\angle x$

$\triangle CAD$에서 $\overline{CA}=\overline{CD}$이므로 $\angle CDA=\angle CAD=2\angle x$

$\angle DCE$는 $\triangle DBC$의 한 외각이므로

$\angle x+2\angle x=102^\circ$, $3\angle x=102^\circ$ $\therefore \angle x=34^\circ$

(5) $\angle ACB=\angle ABC=15^\circ$, $\angle CAD=\angle CDA=30^\circ$

$\angle DCE=\angle ABC+\angle CDA=15^\circ+30^\circ=45^\circ$

$\angle DEC=\angle DCE=45^\circ$

$\therefore \angle x=\angle ABC+\angle DEC=15^\circ+45^\circ=60^\circ$

(6) $\angle ABC=\angle ACB=24^\circ$, $\angle BAD=\angle BDA=48^\circ$

$\angle DBE=\angle ACB+\angle BDC=24^\circ+48^\circ=72^\circ$

$\angle DEB=\angle DBE=72^\circ$

$\therefore \angle x=\angle ACB+\angle DEC=24^\circ+72^\circ=96^\circ$

06 $\triangle ABC$에서 $\angle ACD=\angle x+70^\circ$

$\triangle ECD$에서 $\angle ECD+\angle D=\angle CEF$이므로

$(\angle x+70^\circ)+\angle y=100^\circ$ $\therefore \angle x+\angle y=30^\circ$

개념 28 다각형의 내각의 크기의 합 · 본문 065~067쪽

01 (1) 900° 풀이▶ 7, 5, 7, 900 (2) 1080° (3) 1440°

(4) 2340° (5) 3240°

02 (1) 오각형 풀이▶ 2, 5, 오각형 (2) 사각형 (3) 구각형

(4) 십이각형 (5) 십사각형

03 (1) 85° 풀이▶ 360, 360, 85 (2) 135° (3) 105° (4) 155°

(5) 90° (6) 108° (7) 155° (8) 65° (9) 70°

04 (1) 80° 풀이▶ ❶ 35 ❷ 80 (2) 58° (3) 47° (4) 30°

05 180° 풀이▶ $\angle g$, $\angle g$, 180

06 ②

---

01 (2) $180^\circ\times(8-2)=1080^\circ$ (3) $180^\circ\times(10-2)=1440^\circ$

(4) $180^\circ\times(15-2)=2340^\circ$ (5) $180^\circ\times(20-2)=3240^\circ$

02 (2) 구하는 다각형을 n각형이라 하면
$180° \times (n-2) = 360°$ ∴ $n=4$, 즉 사각형

(3) 구하는 다각형을 n각형이라 하면
$180° \times (n-2) = 1260°$ ∴ $n=9$, 즉 구각형

(4) 구하는 다각형을 n각형이라 하면
$180° \times (n-2) = 1800°$ ∴ $n=12$, 즉 십이각형

(5) 구하는 다각형을 n각형이라 하면
$180° \times (n-2) = 2160°$ ∴ $n=14$, 즉 십사각형

03 (2) 오각형의 내각의 크기의 합은 $180° \times (5-2) = 540°$이므로
$\angle x + 125° + 110° + 80° + 90° = 540°$
∴ $\angle x = 135°$

(3) 육각형의 내각의 크기의 합은 $180° \times (6-2) = 720°$이므로
$\angle x + 120° + 135° + 95° + 125° + 140° = 720°$
∴ $\angle x = 105°$

(4) 칠각형의 내각의 크기의 합은 $180° \times (7-2) = 900°$이므로
$\angle x + 135° + 125° + 150° + 120° + 105° + 110° = 900°$
∴ $\angle x = 155°$

(5) 사각형의 내각의 크기의 합은 $180° \times (4-2) = 360°$이므로
$\angle x + (\angle x + 20°) + (\angle x + 10°) + 60° = 360°$
$3\angle x + 90° = 360°$, $3\angle x = 270°$ ∴ $\angle x = 90°$

(6) 오각형의 내각의 크기의 합은 $180° \times (5-2) = 540°$이므로
$5\angle x = 540°$ ∴ $\angle x = 108°$

(7) 사각형의 내각의 크기의 합은 $180° \times (4-2) = 360°$이므로
$\angle x + 80° + 95° + (180° - 150°) = 360°$
∴ $\angle x = 155°$

(8) 육각형의 내각의 크기의 합은 $180° \times (6-2) = 720°$이므로
$(180° - \angle x) + 105° + 100° + 120° + 150° + 130° = 720°$
∴ $\angle x = 65°$

(9) 오각형의 내각의 크기의 합은 $180° \times (5-2) = 540°$이므로
$(180° - \angle x) + 90° + 80° + (180° - 40°) + 120° = 540°$
∴ $\angle x = 70°$

04 (2) $\bullet + \blacktriangle = 25° + 22° = 47°$
$\angle x + 45° + \bullet + \blacktriangle + 30° = 180°$이므로
$\angle x + 45° + 47° + 30° = 180°$
∴ $\angle x = 58°$

(3) $\bullet + \blacktriangle = 18° + 15° = 33°$
$60° + \angle x + \bullet + \blacktriangle + 40° = 180°$이므로
$60° + \angle x + 33° + 40° = 180°$
∴ $\angle x = 47°$

(4) $\bullet + \blacktriangle = \angle x + 28°$
$55° + 35° + \bullet + \blacktriangle + 32° = 180°$이므로
$55° + 35° + \angle x + 28° + 32° = 180°$
∴ $\angle x = 30°$

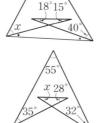

06 주어진 다각형을 n각형이라 하면
$180° \times (n-2) = 1080°$
$n - 2 = 6$ ∴ $n = 8$, 즉 팔각형
따라서 팔각형의 대각선의 개수는
$\dfrac{8 \times (8-3)}{2} = 20$(개)

· 본문 068쪽

개념 **29** 다각형의 외각의 크기의 합

01 (1) $110°$ 풀이 ▶ 360, 360, 110 (2) $40°$
(3) $45°$ 풀이 ▶ 360, 45 (4) $95°$ (5) $80°$
02 $120°$

01 (2) 다각형의 외각의 크기의 합은 $360°$이므로
$\angle x + 110° + 80° + 70° + 60° = 360°$
∴ $\angle x = 40°$

(4) 다각형의 외각의 크기의 합은 $360°$이므로
$(180° - 100°) + (180° - 115°) + 120° + \angle x = 360°$
∴ $\angle x = 95°$

(5) 다각형의 외각의 크기의 합은 $360°$이므로
$\angle x + (180° - 115°) + 75° + (180° - 90°) + 50° = 360°$
∴ $\angle x = 80°$

02 $\angle x + 55° + (180° - 110°) + \angle y + (180° - 115°) + (180° - 130°)$
$= 360°$
$\angle x + \angle y + 240° = 360°$
∴ $\angle x + \angle y = 120°$

· 본문 069~071쪽

개념 **30** 정다각형의 한 내각과 한 외각의 크기

01 (1) $120°$ 풀이 ▶ 6, 720, 720, 120
(2) $135°$ (3) $150°$ (4) $160°$
02 (1) 정오각형 풀이 ▶ 360, 360, 5, 정오각형
(2) 정사각형 (3) 정십오각형 (4) 정이십각형
03 (1) $90°$ 풀이 ▶ 4, 90 (2) $60°$ (3) $45°$ (4) $36°$
(5) $24°$ (6) $18°$
04 (1) 정삼각형 풀이 ▶ 3, 정삼각형 (2) 정구각형
(3) 정십이각형 (4) 정십팔각형 (5) 정이십사각형
(6) 정삼십각형
05 (1) 정삼각형, $120°$ 풀이 ▶ 3, 3, 120
(2) 정십각형, $36°$ (3) 정십이각형, $30°$
06 (1) 정육각형 풀이 ▶ 1, 60, 60, 6, 정육각형 (2) 정삼각형
(3) 정팔각형 (4) 정오각형 (5) 정십각형 (6) 정구각형
07 ②

01 (2) 정팔각형의 내각의 크기의 합은 $180° \times (8-2) = 1080°$

따라서 정팔각형의 한 내각의 크기는 $\dfrac{1080°}{8} = 135°$

(3) 정십이각형의 내각의 크기의 합은 $180° \times (12-2) = 1800°$

따라서 정십이각형의 한 내각의 크기는 $\dfrac{1800°}{12} = 150°$

(4) 정십팔각형의 내각의 크기의 합은 $180° \times (18-2) = 2880°$

따라서 정십팔각형의 한 내각의 크기는 $\dfrac{2880°}{18} = 160°$

02 (2) 구하는 정다각형을 정n각형이라 하면

$\dfrac{180° \times (n-2)}{n} = 90°$에서

$180° \times (n-2) = 90° \times n$, $180° \times n - 360° = 90° \times n$

$90° \times n = 360°$ $\quad \therefore n = 4$, 즉 정사각형

(3) 구하는 정다각형을 정n각형이라 하면

$\dfrac{180° \times (n-2)}{n} = 156°$에서

$180° \times (n-2) = 156° \times n$, $180° \times n - 360° = 156° \times n$

$24° \times n = 360°$ $\quad \therefore n = 15$, 즉 정십오각형

(4) 구하는 정다각형을 정n각형이라 하면

$\dfrac{180° \times (n-2)}{n} = 162°$에서

$180° \times (n-2) = 162° \times n$, $180° \times n - 360° = 162° \times n$

$18° \times n = 360°$ $\quad \therefore n = 20$, 즉 정이십각형

03 (2) $\dfrac{360°}{6} = 60°$ (3) $\dfrac{360°}{8} = 45°$

(4) $\dfrac{360°}{10} = 36°$ (5) $\dfrac{360°}{15} = 24°$

(6) $\dfrac{360°}{20} = 18°$

04 (2) 구하는 정다각형을 정n각형이라 하면

$\dfrac{360°}{n} = 40°$ $\quad \therefore n = 9$, 즉 정구각형

(3) 구하는 정다각형을 정n각형이라 하면

$\dfrac{360°}{n} = 30°$ $\quad \therefore n = 12$, 즉 정십이각형

(4) 구하는 정다각형을 정n각형이라 하면

$\dfrac{360°}{n} = 20°$ $\quad \therefore n = 18$, 즉 정십팔각형

(5) 구하는 정다각형을 정n각형이라 하면

$\dfrac{360°}{n} = 15°$ $\quad \therefore n = 24$, 즉 정이십사각형

(6) 구하는 정다각형을 정n각형이라 하면

$\dfrac{360°}{n} = 12°$ $\quad \therefore n = 30$, 즉 정삼십각형

05 (2) 구하는 정다각형을 정n각형이라 하면

$\dfrac{180° \times (n-2)}{n} = 144°$ $\quad \therefore n = 10$, 즉 정십각형

또 정십각형의 한 외각의 크기는 $\dfrac{360°}{10} = 36°$

(3) 구하는 정다각형을 정n각형이라 하면

$\dfrac{180° \times (n-2)}{n} = 150°$ $\quad \therefore n = 12$, 즉 정십이각형

또 정십이각형의 한 외각의 크기는 $\dfrac{360°}{12} = 30°$

06 (2) 구하는 정다각형을 정n각형이라 하면

한 외각의 크기는 $180° \times \dfrac{2}{1+2} = 120°$이므로

$\dfrac{360°}{n} = 120°$ $\quad \therefore n = 3$, 즉 정삼각형

(3) 구하는 정다각형을 정n각형이라 하면

한 외각의 크기는 $180° \times \dfrac{1}{3+1} = 45°$이므로

$\dfrac{360°}{n} = 45°$ $\quad \therefore n = 8$, 즉 정팔각형

(4) 구하는 정다각형을 정n각형이라 하면

한 외각의 크기는 $180° \times \dfrac{2}{3+2} = 72°$이므로

$\dfrac{360°}{n} = 72°$ $\quad \therefore n = 5$, 즉 정오각형

(5) 구하는 정다각형을 정n각형이라 하면

한 외각의 크기는 $180° \times \dfrac{1}{4+1} = 36°$이므로

$\dfrac{360°}{n} = 36°$ $\quad \therefore n = 10$, 즉 정십각형

(6) 구하는 정다각형을 정n각형이라 하면

한 외각의 크기는 $180° \times \dfrac{2}{7+2} = 40°$이므로

$\dfrac{360°}{n} = 40°$ $\quad \therefore n = 9$, 즉 정구각형

07 주어진 정다각형을 정n각형이라 하면

$\dfrac{180° \times (n-2)}{n} = 120°$ $\quad \therefore n = 6$, 즉 정육각형

따라서 정육각형의 대각선의 개수는

$\dfrac{6 \times (6-3)}{2} = 9$(개)

기본기 탄탄 문제 [개념 23~30]

1 ⑤	2 23	3 정십육각형	4 40°
5 75°	6 (1) 78° (2) 50° (3) 52°		7 1980°
8 ⑤	9 36°	10 ①	11 ③

1 ① 다각형의 내각의 크기가 모두 같은지는 알 수 없다.

② 다각형의 외각의 크기가 모두 같은지는 알 수 없다.

③ 원은 평면도형이지만 다각형은 아니다.

④ 다각형의 외각은 한 내각에 대하여 2개이다.

따라서 옳은 것은 ⑤이다.

014 • 정답 및 해설

2 주어진 다각형을 n각형이라 하면

$\dfrac{n(n-3)}{2}=77$에서

$n(n-3)=154=14\times 11$ $\therefore n=14$, 즉 십사각형

따라서 십사각형의 한 꼭짓점에서 그을 수 있는 대각선의 개수는

$14-3=11$(개) $\therefore a=11$

이때 생기는 삼각형의 개수는

$14-2=12$(개) $\therefore b=12$

$\therefore a+b=11+12=23$

3 조건 (나)를 만족시키는 다각형은 정다각형이다.

구하는 다각형을 정n각형이라 하면

조건 (가)에서 $\dfrac{n(n-3)}{2}=104$이므로

$n(n-3)=208=16\times 13$ $\therefore n=16$

따라서 구하는 다각형은 정십육각형이다.

4 △DBC에서 ∠DBC+∠DCB=180°−90°=90°

따라서 △ABC에서

$\angle x=180°-\{(30°+\angle DBC)+(20°+\angle DCB)\}$

$\quad=180°-\{(\angle DBC+\angle DCB)+50°\}$

$\quad=180°-(90°+50°)=40°$

5 △BCD에서 ∠ADE=25°+30°=55°

따라서 △ADE에서

$\angle x=180°-(50°+55°)=75°$

6 오른쪽 그림에서

(1) △FCE에서 ∠AFJ=36°+42°=78°

(2) △JBD에서 ∠AJF=23°+27°=50°

(3) △AFJ에서

$\angle x+78°+50°=180°$이므로

$\angle x=52°$

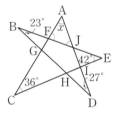

7 주어진 다각형을 n각형이라 하면

$n-3=10$ $\therefore n=13$, 즉 십삼각형

따라서 십삼각형의 내각의 크기의 합은

$180°\times(13-2)=1980°$

8 $\angle x=\dfrac{180°\times(9-2)}{9}=140°$

$\angle y=\dfrac{360°}{5}=72°$

$\therefore \angle x+\angle y=140°+72°=212°$

9 주어진 정다각형을 정n각형이라 하면

$180°\times(n-2)=1440°$

$n-2=8$ $\therefore n=10$, 즉 정십각형

따라서 정십각형의 한 외각의 크기는

$\dfrac{360°}{10}=36°$

10 (한 내각의 크기) : (한 외각의 크기)

$=\dfrac{180°\times(12-2)}{12}:\dfrac{360°}{12}$

$=150°:30°=5:1$

11 정오각형의 한 내각의 크기는 $\dfrac{180°\times(5-2)}{5}=108°$

△ABE에서 $\overline{AB}=\overline{AE}$이므로

$\angle ABE=\dfrac{1}{2}\times(180°-108°)=36°$

△ABC에서 $\overline{AB}=\overline{BC}$이므로

$\angle BAC=\dfrac{1}{2}\times(180°-108°)=36°$

△ABP에서 ∠APB=180°−(36°+36°)=108°

$\therefore \angle x=\angle APB=108°$ (맞꼭지각)

개념 **31** 원과 부채꼴 ·본문 074쪽

01 풀이 참조
02 (1) ∠BOC (2) ∠AOC (3) $\overline{AB}$
03 ①, ③

01

03 ② 부채꼴은 두 반지름과 호로 이루어져 있다.

④ 반원은 부채꼴이면서 활꼴이다.

⑤ 호는 원 위의 두 점을 양 끝 점으로 하는 원의 일부분이다.

따라서 옳은 것은 ①, ③이다.

개념 **32** 부채꼴의 중심각의 크기와 호의 길이, 넓이 ·본문 075~077쪽

01 (1) 4 풀이▶ 4 (2) 15 (3) 60 (4) 2 (5) 20
02 (1) $x=10, y=40$ 풀이▶ 10, 40 (2) $x=12, y=150$

(3) $x=40, y=15$ (4) $x=3, y=75$
03 (1) 8 풀이▶ ❶ 40 ❷ 40 ❸ 40, 40, 100 ❹ 100, 8

(2) 40 (3) 15
04 (1) 7 풀이▶ 7 (2) 16 (3) 80 (4) 60
05 (1) $12\,cm^2$ (2) $8\,cm^2$
06 80°

01 (2) $135:45=x:5$ ∴ $x=15$

(3) $20:x=3:9$ ∴ $x=60$

(4) $80:20=(x+6):x$ ∴ $x=2$

(5) $x:(x+30)=6:15$ ∴ $x=20$

02 (2) $90:30=x:4$ ∴ $x=12$

$y:30=20:4$ ∴ $y=150$

(3) $x:120=6:18$ ∴ $x=40$

$100:120=y:18$ ∴ $y=15$

(4) $25:150=x:18$ ∴ $x=3$

$y:150=9:18$ ∴ $y=75$

03 (2) $\overline{AD}/\!/\overline{OC}$이므로

∠DAO=∠COB=30°

$\overline{OA}=\overline{OD}$이므로

∠ODA=∠OAD=30°

∠DOA=180°−(30°+30°)=120°

$120:30=x:10$ ∴ $x=40$

(3) $\overline{AD}/\!/\overline{OC}$이므로

∠DAO=∠COB=50°

$\overline{OA}=\overline{OD}$이므로

∠ODA=∠OAD=50°

∠DOA=180°−(50°+50°)=80°

$80:50=24:x$ ∴ $x=15$

04 (2) $45:90=8:x$ ∴ $x=16$

(3) $20:x=6:24$ ∴ $x=80$

(4) $140:x=21:9$ ∴ $x=60$

05 호의 길이는 중심각의 크기에 정비례하고, 중심각의 크기는 부채꼴의 넓이에 정비례하므로

(1) 부채꼴 COD의 넓이를 $x\,\text{cm}^2$라 하면

$2:1=24:x$ ∴ $x=12(\text{cm}^2)$

(2) 부채꼴 AOB의 넓이를 $x\,\text{cm}^2$라 하면

$2:3=x:12$ ∴ $x=8(\text{cm}^2)$

06 ∠AOB : ∠BOC : ∠COA=$\widehat{AB}:\widehat{BC}:\widehat{CA}$=2 : 3 : 4

∴ ∠AOB$=360°\times\dfrac{2}{2+3+4}=360°\times\dfrac{2}{9}=80°$

개념 **33** 부채꼴의 중심각의 크기와 현의 길이 · 본문 078쪽

01 (1) 11 (2) 40 (3) 60   **02** (1) ○ (2) × (3) ×

03 18 cm

01 (1) 중심각의 크기가 같은 두 부채꼴의 현의 길이는 같다.

∴ $x=11$

(2) 길이가 같은 두 현의 중심각의 크기는 같다.

∴ $x=40$

(3) 길이가 같은 두 현의 중심각의 크기는 같으므로

∠COD=∠DOE=30°

∴ ∠x=30°+30°=60°

02 (1) 호의 길이는 중심각의 크기에 정비례하므로

$\widehat{AB}=2\widehat{CD}$이다.

(2), (3) 현의 길이는 중심각의 크기에 정비례하지 않으므로

$\overline{AB}\neq2\overline{CD}$이다. 이때 $\overline{AB}<2\overline{CD}$이다.

03 ∠AOB=∠COD이므로 $\overline{CD}=\overline{AB}=8\,\text{cm}$

반지름의 길이가 5 cm이므로

$\overline{OC}=\overline{OD}=\overline{OB}=5\,\text{cm}$

따라서 색칠한 부분의 둘레의 길이는

$\overline{OC}+\overline{OD}+\widehat{CD}=5+5+8=18(\text{cm})$

개념 **34** 원의 둘레의 길이와 넓이 · 본문 079~081쪽

01 (1) $6\pi\,\text{cm}$, $9\pi\,\text{cm}^2$ (2) $10\pi\,\text{cm}$, $25\pi\,\text{cm}^2$

(3) $16\pi\,\text{cm}$, $64\pi\,\text{cm}^2$ (4) $8\pi\,\text{cm}$, $16\pi\,\text{cm}^2$

(5) $12\pi\,\text{cm}$, $36\pi\,\text{cm}^2$ (6) $20\pi\,\text{cm}$, $100\pi\,\text{cm}^2$

02 (1) $6\pi\,\text{cm}$, $3\pi\,\text{cm}^2$

풀이 ▶ 1, 4π, 2π, 6π, 2, 1, 4π, π, 3π

(2) $18\pi\,\text{cm}$, $27\pi\,\text{cm}^2$ (3) $24\pi\,\text{cm}$, $72\pi\,\text{cm}^2$

(4) $28\pi\,\text{cm}$, $24\pi\,\text{cm}^2$

(5) $(6\pi+12)\,\text{cm}$, $18\pi\,\text{cm}^2$

풀이 ▶ 6, 12, $6\pi+12$, 6, 18π

(6) $(12\pi+8)\,\text{cm}$, $24\pi\,\text{cm}^2$

(7) $16\pi\,\text{cm}$, $24\pi\,\text{cm}^2$

풀이 ▶ 5, 5π, 16π, 3, 5, $\dfrac{9}{2}\pi$, $\dfrac{25}{2}\pi$, 24π

(8) $10\pi\,\text{cm}$, $15\pi\,\text{cm}^2$

03 (1) 1 cm 풀이 ▶ 2π, 1 (2) $\dfrac{1}{2}$ cm (3) 3 cm (4) 5 cm

(5) $\dfrac{7}{2}$ cm (6) 10 cm

04 (1) $4\pi\,\text{cm}^2$ 풀이 ▶ 2, 2, 4π (2) $16\pi\,\text{cm}^2$ (3) $36\pi\,\text{cm}^2$

(4) $169\pi\,\text{cm}^2$ (5) $225\pi\,\text{cm}^2$

05 $12\pi\,\text{cm}$

01 (1) $l=2\pi\times3=6\pi(\text{cm})$, $S=\pi\times3^2=9\pi(\text{cm}^2)$

(2) $l=2\pi\times5=10\pi(\text{cm})$, $S=\pi\times5^2=25\pi(\text{cm}^2)$

(3) $l=2\pi\times8=16\pi(\text{cm})$, $S=\pi\times8^2=64\pi(\text{cm}^2)$

(4) 원의 반지름의 길이가 4 cm이므로

$l=2\pi\times4=8\pi(\text{cm})$, $S=\pi\times4^2=16\pi(\text{cm}^2)$

(5) 원의 반지름의 길이가 6 cm이므로

$l=2\pi\times6=12\pi(\text{cm})$, $S=\pi\times6^2=36\pi(\text{cm}^2)$

(6) 원의 반지름의 길이가 10 cm이므로

$l=2\pi\times10=20\pi(\text{cm})$, $S=\pi\times10^2=100\pi(\text{cm}^2)$

02 (2) $l=2\pi\times6+2\pi\times3=12\pi+6\pi=18\pi$ (cm)

$S=\pi\times6^2-\pi\times3^2=36\pi-9\pi=27\pi$ (cm^2)

(3) $l=2\pi\times9+2\pi\times3=18\pi+6\pi=24\pi$ (cm)

$S=\pi\times9^2-\pi\times3^2=81\pi-9\pi=72\pi$ (cm^2)

(4) $l=2\pi\times7+2\pi\times4+2\pi\times3$

$=14\pi+8\pi+6\pi=28\pi$ (cm)

$S=\pi\times7^2-\pi\times4^2-\pi\times3^2$

$=49\pi-16\pi-9\pi=24\pi$ (cm^2)

(6) $l=\dfrac{1}{2}\times2\pi\times8+\dfrac{1}{2}\times2\pi\times4+8$

$=8\pi+4\pi+8=12\pi+8$ (cm)

$S=\dfrac{1}{2}\times\pi\times8^2-\dfrac{1}{2}\times\pi\times4^2$

$=32\pi-8\pi=24\pi$ (cm^2)

(8) $l=\dfrac{1}{2}\times2\pi\times5+\dfrac{1}{2}\times2\pi\times3+\dfrac{1}{2}\times2\pi\times2$

$=5\pi+3\pi+2\pi=10\pi$ (cm)

$S=\dfrac{1}{2}\times\pi\times5^2+\dfrac{1}{2}\times\pi\times3^2-\dfrac{1}{2}\times\pi\times2^2$

$=\dfrac{25}{2}\pi+\dfrac{9}{2}\pi-2\pi=15\pi$ (cm^2)

03 원의 반지름의 길이를 r cm라 하면

(2) $2\pi\times r=\pi$ $\quad\therefore r=\dfrac{1}{2}$ (cm)

(3) $2\pi\times r=6\pi$ $\quad\therefore r=3$ (cm)

(4) $2\pi\times r=10\pi$ $\quad\therefore r=5$ (cm)

(5) $2\pi\times r=7\pi$ $\quad\therefore r=\dfrac{7}{2}$ (cm)

(6) $2\pi\times r=20\pi$ $\quad\therefore r=10$ (cm)

04 (2) 원의 반지름의 길이를 r cm라 하면

$2\pi\times r=8\pi$ $\quad\therefore r=4$ (cm)

따라서 원의 넓이는 $\pi\times4^2=16\pi$ (cm^2)

(3) 원의 반지름의 길이를 r cm라 하면

$2\pi\times r=12\pi$ $\quad\therefore r=6$ (cm)

따라서 원의 넓이는 $\pi\times6^2=36\pi$ (cm^2)

(4) 원의 반지름의 길이를 r cm라 하면

$2\pi\times r=26\pi$ $\quad\therefore r=13$ (cm)

따라서 원의 넓이는 $\pi\times13^2=169\pi$ (cm^2)

(5) 원의 반지름의 길이를 r cm라 하면

$2\pi\times r=30\pi$ $\quad\therefore r=15$ (cm)

따라서 원의 넓이는 $\pi\times15^2=225\pi$ (cm^2)

05 $\overline{AB}=\overline{BC}=\overline{CD}=4$ cm이므로

(색칠한 부분의 둘레의 길이)

=(지름의 길이가 8 cm인 원의 둘레의 길이)

 +(지름의 길이가 4 cm인 원의 둘레의 길이)

$=2\pi\times4+2\pi\times2$

$=8\pi+4\pi$

$=12\pi$ (cm)

개념 **35** 부채꼴의 호의 길이와 넓이

· 본문 082~085쪽

01 (1) 5π cm, 15π cm^2 〔풀이〕▶ $6,\ 150,\ 5\pi,\ 6,\ 150,\ 15\pi$

(2) $\dfrac{5}{2}\pi$ cm, $\dfrac{25}{2}\pi$ cm^2 (3) $\dfrac{2}{3}\pi$ cm, $\dfrac{4}{3}\pi$ cm^2

(4) $\dfrac{32}{3}\pi$ cm, 64π cm^2 (5) π cm, π cm^2

02 (1) 3π cm, $\dfrac{27}{2}\pi$ cm^2 (2) 2π cm, 4π cm^2

(3) 12π cm, 48π cm^2 (4) 6π cm, 27π cm^2

(5) 14π cm, 84π cm^2

03 (1) $72°$ 〔풀이〕▶ $5,\ 72$ (2) $135°$ (3) $90°$

(4) $80°$ 〔풀이〕▶ $3,\ 80$ (5) $120°$ (6) $225°$

04 (1) 3 cm 〔풀이〕▶ $60,\ 3$ (2) 9 cm (3) 6 cm

(4) 3 cm 〔풀이〕▶ $240,\ 9,\ 3$ (5) 4 cm (6) 8 cm

05 (1) $\dfrac{3}{2}\pi$ cm^2 〔풀이〕▶ $\pi,\ \dfrac{3}{2}\pi$ (2) $\dfrac{15}{2}\pi$ cm^2 (3) 12π cm^2

(4) $\dfrac{135}{2}\pi$ cm^2 (5) 75π cm^2

06 (1) 4π cm^2 (2) 18π cm^2 (3) 96π cm^2 (4) 576π cm^2

07 (1) 6 cm 〔풀이〕▶ $3\pi,\ 6$ (2) 10 cm (3) 8 cm

(4) 8 cm (5) 9 cm

08 12 cm

---

01 (2) $l=2\pi\times10\times\dfrac{45}{360}=\dfrac{5}{2}\pi$ (cm)

$S=\pi\times10^2\times\dfrac{45}{360}=\dfrac{25}{2}\pi$ (cm^2)

(3) $l=2\pi\times4\times\dfrac{30}{360}=\dfrac{2}{3}\pi$ (cm)

$S=\pi\times4^2\times\dfrac{30}{360}=\dfrac{4}{3}\pi$ (cm^2)

(4) $l=2\pi\times12\times\dfrac{160}{360}=\dfrac{32}{3}\pi$ (cm)

$S=\pi\times12^2\times\dfrac{160}{360}=64\pi$ (cm^2)

(5) $l=2\pi\times2\times\dfrac{90}{360}=\pi$ (cm)

$S=\pi\times2^2\times\dfrac{90}{360}=\pi$ (cm^2)

02 (1) $l=2\pi\times9\times\dfrac{60}{360}=3\pi$ (cm)

$S=\pi\times9^2\times\dfrac{60}{360}=\dfrac{27}{2}\pi$ (cm^2)

(2) $l=2\pi\times4\times\dfrac{90}{360}=2\pi$ (cm)

$S=\pi\times4^2\times\dfrac{90}{360}=4\pi$ (cm^2)

(3) $l=2\pi\times8\times\dfrac{270}{360}=12\pi$ (cm)

$S=\pi\times8^2\times\dfrac{270}{360}=48\pi$ (cm^2)

(4) $l=2\pi\times9\times\dfrac{120}{360}=6\pi$ (cm)

$S=\pi\times9^2\times\dfrac{120}{360}=27\pi$ (cm^2)

(5) $l=2\pi\times12\times\dfrac{210}{360}=14\pi$ (cm)

$S=\pi\times12^2\times\dfrac{210}{360}=84\pi$ (cm^2)

03 부채꼴의 중심각의 크기를 $x°$라 하면

(2) $2\pi\times8\times\dfrac{x}{360}=6\pi$ $\therefore x=135(°)$

(3) $2\pi\times6\times\dfrac{x}{360}=3\pi$ $\therefore x=90(°)$

(5) $\pi\times9^2\times\dfrac{x}{360}=27\pi$ $\therefore x=120(°)$

(6) $\pi\times4^2\times\dfrac{x}{360}=10\pi$ $\therefore x=225(°)$

04 부채꼴의 반지름의 길이를 $r\,\text{cm}\,(r>0)$라 하면

(2) $2\pi r\times\dfrac{80}{360}=4\pi$ $\therefore r=9$ (cm)

(3) $2\pi r\times\dfrac{150}{360}=5\pi$ $\therefore r=6$ (cm)

(5) $\pi r^2\times\dfrac{45}{360}=2\pi,\ r^2=16$ $\therefore r=4$ (cm)

(6) $\pi r^2\times\dfrac{135}{360}=24\pi,\ r^2=64$ $\therefore r=8$ (cm)

05 (2) $\dfrac{1}{2}\times5\times3\pi=\dfrac{15}{2}\pi$ (cm^2)

(3) $\dfrac{1}{2}\times6\times4\pi=12\pi$ (cm^2)

(4) $\dfrac{1}{2}\times9\times15\pi=\dfrac{135}{2}\pi$ (cm^2)

(5) $\dfrac{1}{2}\times10\times15\pi=75\pi$ (cm^2)

06 (1) $\dfrac{1}{2}\times4\times2\pi=4\pi$ (cm^2)

(2) $\dfrac{1}{2}\times6\times6\pi=18\pi$ (cm^2)

(3) $\dfrac{1}{2}\times8\times24\pi=96\pi$ (cm^2)

(4) $\dfrac{1}{2}\times12\times96\pi=576\pi$ (cm^2)

07 부채꼴의 반지름의 길이를 $r\,\text{cm}$라 하면

(2) $\dfrac{1}{2}\times r\times5\pi=25\pi$ $\therefore r=10$ (cm)

(3) $\dfrac{1}{2}\times r\times4\pi=16\pi$ $\therefore r=8$ (cm)

(4) $\dfrac{1}{2}\times r\times7\pi=28\pi$ $\therefore r=8$ (cm)

(5) $\dfrac{1}{2}\times r\times12\pi=54\pi$ $\therefore r=9$ (cm)

08 반원 O의 반지름의 길이를 $r\,\text{cm}\,(r>0)$라 하면

$\pi r^2\times\dfrac{180-60}{360}=12\pi$

$r^2=36$ $\therefore r=6$ (cm)

$\therefore \overline{\text{AD}}=2r=2\times6=12$ (cm)

개념 **36** 색칠한 부분의 둘레의 길이와 넓이 ·본문 086~089쪽

01 (1) $(3\pi+12)$ cm   풀이 ▶ ❶ 12, 30, 2π ❷ 6, 30, π
❸ 6, 12 ❹ $2\pi,\ \pi,\ 12,\ 3\pi+12$

(2) $(5\pi+6)$ cm   (3) $(14\pi+6)$ cm

02 (1) $(4\pi+4)$ cm
풀이 ▶ ❶ 4, 2π ❷ 2, 2π ❸ 4 ❹ $2\pi,\ 2\pi,\ 4,\ 4\pi+4$

(2) $(6\pi+6)$ cm   (3) $(10\pi+10)$ cm

03 (1) $(8\pi+32)$ cm
풀이 ▶ ❶ 8, 4π ❷ 8, 32 ❸ $4\pi,\ 32,\ 8\pi+32$

(2) $(6\pi+24)$ cm   (3) 14π cm

04 (1) 9π cm^2
풀이 ▶ ❶ 12, 30, 12π ❷ 6, 30, 3π ❸ $12\pi,\ 3\pi,\ 9\pi$

(2) $\dfrac{15}{2}\pi$ cm^2 (3) 21π cm^2

05 (1) 2π cm^2 풀이 ▶ ❶ 4, 4π ❷ 2, 2π ❸ $4\pi,\ 2\pi,\ 2\pi$

(2) $\dfrac{9}{2}\pi$ cm^2 (3) $\dfrac{25}{2}\pi$ cm^2

06 (1) $(128-32\pi)$ cm^2 풀이 ▶ ❶ 8, 8, 64 ❷ 8, 16π
❸ $64-16\pi$ ❹ $64-16\pi,\ 128-32\pi$

(2) $(72-18\pi)$ cm^2 (3) $(98\pi-196)$ cm^2

07 (1) $(9\pi-18)$ cm^2 풀이 ▶ 6, $9\pi-18$

(2) $(36\pi-72)$ cm^2 (3) 50 cm^2

08 50π cm^2

---

01 (2) ① $2\pi\times9\times\dfrac{60}{360}=3\pi$ (cm)

② $2\pi\times6\times\dfrac{60}{360}=2\pi$ (cm)

③ $3\times2=6$ (cm)

$\therefore$ (색칠한 부분의 둘레의 길이)
$=3\pi+2\pi+6=5\pi+6$ (cm)

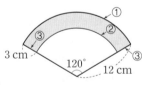

(3) ① $2\pi\times12\times\dfrac{120}{360}=8\pi$ (cm)

② $2\pi\times9\times\dfrac{120}{360}=6\pi$ (cm)

③ $3\times2=6$ (cm)

$\therefore$ (색칠한 부분의 둘레의 길이)
$=8\pi+6\pi+6=14\pi+6$ (cm)

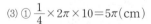

02 (2) ① $\dfrac{1}{4}\times2\pi\times6=3\pi$ (cm)

② $\dfrac{1}{2}\times2\pi\times3=3\pi$ (cm)

③ 6 cm

$\therefore$ (색칠한 부분의 둘레의 길이)
$=3\pi+3\pi+6=6\pi+6$ (cm)

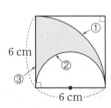

(3) ① $\dfrac{1}{4}\times2\pi\times10=5\pi$ (cm)

② $\dfrac{1}{2}\times2\pi\times5=5\pi$ (cm)

③ 10 cm

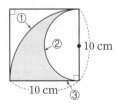

$\therefore$ (색칠한 부분의 둘레의 길이)
$$=5\pi+5\pi+10=10\pi+10(\text{cm})$$

03 (2) ① $\dfrac{1}{4}\times 2\pi\times 6=3\pi(\text{cm})$

② ①과 길이가 같으므로 $3\pi\,\text{cm}$

③ $6\times 4=24(\text{cm})$

$\therefore$ (색칠한 부분의 둘레의 길이)
$$=3\pi\times 2+24=6\pi+24(\text{cm})$$

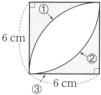

(3) ① $\dfrac{1}{4}\times 2\pi\times 14=7\pi(\text{cm})$

② ①과 길이가 같으므로 $7\pi\,\text{cm}$

$\therefore$ (색칠한 부분의 둘레의 길이)
$$=7\pi\times 2=14\pi(\text{cm})$$

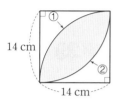

04 (2) (큰 부채꼴의 넓이)$=\pi\times 9^2\times\dfrac{60}{360}=\dfrac{27}{2}\pi(\text{cm}^2)$

(작은 부채꼴의 넓이)$=\pi\times 6^2\times\dfrac{60}{360}=6\pi(\text{cm}^2)$

$\therefore$ (색칠한 부분의 넓이)$=\dfrac{27}{2}\pi-6\pi=\dfrac{15}{2}\pi(\text{cm}^2)$

(3) (큰 부채꼴의 넓이)$=\pi\times 12^2\times\dfrac{120}{360}=48\pi(\text{cm}^2)$

(작은 부채꼴의 넓이)$=\pi\times 9^2\times\dfrac{120}{360}=27\pi(\text{cm}^2)$

$\therefore$ (색칠한 부분의 넓이)$=48\pi-27\pi=21\pi(\text{cm}^2)$

05 (2) (색칠한 부분의 넓이)
$$=(\text{⌐의 넓이})-(\text{◠의 넓이})$$
$$=\left(\dfrac{1}{4}\times\pi\times 6^2\right)-\left(\dfrac{1}{2}\times\pi\times 3^2\right)$$
$$=9\pi-\dfrac{9}{2}\pi=\dfrac{9}{2}\pi(\text{cm}^2)$$

(3) (색칠한 부분의 넓이)
$$=(\text{⌐의 넓이})-(\text{◖의 넓이})$$
$$=\left(\dfrac{1}{4}\times\pi\times 10^2\right)-\left(\dfrac{1}{2}\times\pi\times 5^2\right)$$
$$=25\pi-\dfrac{25}{2}\pi=\dfrac{25}{2}\pi(\text{cm}^2)$$

06 (2) (⌐의 넓이)
$$=(\text{□의 넓이})-(\text{◠의 넓이})$$
$$=6\times 6-\left(\dfrac{1}{4}\times\pi\times 6^2\right)=36-9\pi(\text{cm}^2)$$

$\therefore$ (색칠한 부분의 넓이)$=(36-9\pi)\times 2$
$$=72-18\pi(\text{cm}^2)$$

(3) (◢의 넓이)
$$=(\text{◠의 넓이})-(\text{◣의 넓이})$$
$$=\left(\dfrac{1}{4}\times\pi\times 14^2\right)-\left(\dfrac{1}{2}\times 14\times 14\right)=49\pi-98(\text{cm}^2)$$

$\therefore$ (색칠한 부분의 넓이)$=(49\pi-98)\times 2$
$$=98\pi-196(\text{cm}^2)$$

07 (2)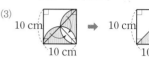

$\therefore$ (색칠한 부분의 넓이)
$$=\left(\dfrac{1}{4}\times\pi\times 12^2\right)-\left(\dfrac{1}{2}\times 12\times 12\right)$$
$$=36\pi-72(\text{cm}^2)$$

(3)

$\therefore$ (색칠한 부분의 넓이)
$$=\dfrac{1}{2}\times 10\times 10=50(\text{cm}^2)$$

08 색칠한 부분의 넓이는 반지름의 길이가 $10\,\text{cm}$인 원의 넓이에서 반지름의 길이가 $5\,\text{cm}$인 반원 4개의 넓이의 합을 뺀 것과 같으므로

(색칠한 부분의 넓이)$=\pi\times 10^2-\left(\dfrac{1}{2}\times\pi\times 5^2\right)\times 4$
$$=100\pi-50\pi=50\pi(\text{cm}^2)$$

기본기 탄탄 문제 **개념 31 ~ 36**

· 본문 090쪽

1 ⑤	**2** $32\,\text{cm}$	**3** ①	**4** 4π
5 $(4\pi+12)\,\text{cm}$		**6** ③	

1 ⑤ 현의 길이는 중심각의 크기에 정비례하지 않는다.

2 $4:$ (원 O의 둘레의 길이)$=45:360$에서

$4:$ (원 O의 둘레의 길이)$=1:8$

$\therefore$ (원 O의 둘레의 길이)$=32(\text{cm})$

3 (색칠한 부분의 넓이)$=\pi\times 5^2-\pi\times 3^2$
$$=25\pi-9\pi=16\pi(\text{cm}^2)$$

4 $S_1=\pi\times 8^2\times\dfrac{180}{360}=32\pi,\ S_2=\dfrac{1}{2}\times 12\times 6\pi=36\pi$

$\therefore S_2-S_1=36\pi-32\pi=4\pi$

5 정육각형의 한 내각의 크기는 $\dfrac{180°\times(6-2)}{6}=120°$이므로

(색칠한 부분의 둘레의 길이)$=2\pi\times 6\times\dfrac{120}{360}+6\times 2$
$$=4\pi+12(\text{cm})$$

6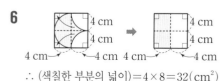

$\therefore$ (색칠한 부분의 넓이)$=4\times 8=32(\text{cm}^2)$

개념 37 다면체
· 본문 092쪽

01 (1) ○ (2) × (3) ○ (4) ×
02 (1) 6개 (2) 8개 (3) 12개 **03** ①, ④

03 ①, ④ 원 또는 곡면으로 이루어져 있으므로 다면체가 아니다.

개념 38 다면체의 종류
· 본문 093~094쪽

01 (1) 사 (2) 육면체 (3) 오면체 (4) 칠면체
02 (1) 사, 사각 (2) 삼각형, 삼각뿔대 (3) 육각형, 육각뿔
03 (1) ○ (2) × (3) × (4) ×
04 풀이 참조
05 (1) 팔각기둥 (2) 구각뿔 (3) 칠각뿔대
06 50

03 (2) 면의 개수가 가장 적은 다면체는 사면체이다.
　　 (3) 각뿔대의 밑면의 개수는 2개이다.
　　 (4) 오각뿔대의 옆면의 모양은 사다리꼴이다.

04 (1)

각기둥	면의 개수	모서리의 개수	꼭짓점의 개수
삼각기둥	5개	9개	6개
사각기둥	6개	12개	8개
오각기둥	7개	15개	10개
육각기둥	8개	18개	12개
n각기둥	$(n+2)$개	$(n\times3)$개	$(n\times2)$개

(2)

각뿔	면의 개수	모서리의 개수	꼭짓점의 개수
삼각뿔	4개	6개	4개
사각뿔	5개	8개	5개
오각뿔	6개	10개	6개
육각뿔	7개	12개	7개
n각뿔	$(n+1)$개	$(n\times2)$개	$(n+1)$개

(3)

각뿔대	면의 개수	모서리의 개수	꼭짓점의 개수
삼각뿔대	5개	9개	6개
사각뿔대	6개	12개	8개
오각뿔대	7개	15개	10개
육각뿔대	8개	18개	12개
n각뿔대	$(n+2)$개	$(n\times3)$개	$(n\times2)$개

05 (1) 구하는 n각기둥의 면의 개수가 10개이므로
　　　 $n+2=10$　 ∴ $n=8$, 즉 팔각기둥
　　 (2) 구하는 n각뿔의 꼭짓점의 개수가 10개이므로
　　　 $n+1=10$　 ∴ $n=9$, 즉 구각뿔

03 (3) 구하는 n각뿔대의 모서리의 개수가 21개이므로
　　　 $n\times3=21$　　 ∴ $n=7$, 즉 칠각뿔대

06 주어진 각뿔대를 n각뿔대라 하면
　　　 $n+2=12$　　 ∴ $n=10$, 즉 십각뿔대
　　 십각뿔대의 모서리의 개수는 $10\times3=30$(개)이므로 $x=30$
　　 십각뿔대의 꼭짓점의 개수는 $10\times2=20$(개)이므로 $y=20$
　　　 ∴ $x+y=30+20=50$

개념 39 정다면체 / 정다면체의 전개도
· 본문 095~096쪽

01 풀이 참조
02 (1) × (2) ○ (3) × (4) × (5) ○ (6) ○
03 (1) ㅁ (2) ㄹ (3) ㄴ (4) ㄱ (5) ㄷ
04 (1) 정팔면체 (2) 점 B (3) $\overline{CD}$(또는 $\overline{FG}$)
05 12개

01

	정사면체	정육면체	정팔면체	정십이면체	정이십면체
(1)	정삼각형	정사각형	정삼각형	정오각형	정삼각형
(2)	4개	8개	6개	20개	12개
(3)	6개	12개	12개	30개	30개
(4)	4개	6개	8개	12개	20개
(5)	3개	3개	4개	3개	5개

02 (1) 정다면체의 종류는 정사면체, 정육면체, 정팔면체, 정십이면체, 정이십면체의 5가지이다.
　　 (3) 정육면체의 꼭짓점의 개수는 8개이다.
　　 (4) 정다면체의 한 면이 될 수 있는 다각형은 정삼각형, 정사각형, 정오각형이다.

04 주어진 전개도로 만들어지는 정다면체는
　　 오른쪽 그림과 같다.

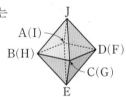

05 조건 (가), (나)를 모두 만족시키는 정다면체는 정이십면체이다.
　　 따라서 정이십면체의 꼭짓점의 개수는 12개이다.

개념 40 회전체
· 본문 097~098쪽

01 (1) ○ (2) × (3) ○ (4) × (5) ○ (6) × (7) ○
02 풀이 참조
03 (1) ㄴ (2) ㄱ (3) ㄷ
04 ②, ④

02 (1)   (2)   (3)

(4)   (5)

04 ①, ③, ⑤ 회전체

②, ④ 다면체

따라서 회전체가 아닌 것은 ②, ④이다.

---

(3)   (단면의 넓이)=$\dfrac{1}{2}\times(6+10)\times7$

$=56(\text{cm}^2)$

(4)   (단면의 넓이)=$\pi\times4^2$

$=16\pi(\text{cm}^2)$

06 입체도형은 원기둥이고 회전축에 수직인 평면 으로 자를 때 생기는 단면의 모양은 오른쪽 그 림과 같이 반지름의 길이가 5 cm인 원이므로 그 넓이는 $\pi\times5^2=25\pi(\text{cm}^2)$

개념 41 회전체의 성질

· 본문 099~101쪽

01 (1) 원, 직사각형   (2) 원, 이등변삼각형

(3) 원, 사다리꼴   (4) 원, 원

02 풀이 참조

03 (1) ①-ㄱ, ②-ㄴ, ③-ㄷ   (2) ①-ㄷ, ②-ㄱ, ③-ㄴ

(3) ①-ㄷ, ②-ㄴ, ③-ㄱ

04 (1) ×   (2) ○   (3) ×   (4) ○

05 (1) 풀이 참조, 20 cm²   풀이 ▶ 4, 20

(2) 풀이 참조, 18 cm²   (3) 풀이 참조, 56 cm²

(4) 풀이 참조, 16π cm²

06 ②

02 (1)   (2)   (3)

(4)   (5)

04 (1) 구의 회전축은 무수히 많다.

(3) 원뿔을 회전축을 포함하는 평면으로 자를 때 생기는 단면은 이등변삼각형이다.

05 (1)

(2)   (단면의 넓이)=$\dfrac{1}{2}\times6\times6$

$=18(\text{cm}^2)$

개념 42 회전체의 전개도

· 본문 102~103쪽

01 (1) 2, 4π, 7   풀이 ▶ ❶ 2, 4π ❷ 모선, 7   (2) 4, 8π, 2

(3) 6, 12π, 3   (4) 3, 6π, 5   (5) 5, 10π, 8

02 (1) 12, 4π, 2   풀이 ▶ ❶ 모선, 12 ❷ 둘레, 2, 4π

(2) 8, 6π, 3   (3) 6, 8π, 4

03 (1) 6π cm, 10π cm   풀이 ▶ 3, 6π, 5, 10π

(2) 4π cm, 8π cm

04 24π cm²

01 (2) (옆면인 직사각형의 가로의 길이)=$2\pi\times4=8\pi(\text{cm})$

(3) (옆면인 직사각형의 가로의 길이)=$2\pi\times6=12\pi(\text{cm})$

(4) (옆면인 직사각형의 가로의 길이)=$2\pi\times3=6\pi(\text{cm})$

(5) (옆면인 직사각형의 가로의 길이)=$2\pi\times5=10\pi(\text{cm})$

02 (2) (옆면인 부채꼴의 호의 길이)=$2\pi\times3=6\pi(\text{cm})$

(3) (옆면인 부채꼴의 호의 길이)=$2\pi\times4=8\pi(\text{cm})$

03 (2) (곡선 ㉠의 길이)=$2\pi\times2=4\pi(\text{cm})$

(곡선 ㉡의 길이)=$2\pi\times4=8\pi(\text{cm})$

04 오른쪽 그림에서 옆면인 직사각형의 가로 의 길이는 밑면인 원의 둘레의 길이와 같 으므로

(가로의 길이)=$2\pi\times2=4\pi(\text{cm})$

∴ (직사각형의 넓이)=$4\pi\times6$

$=24\pi(\text{cm}^2)$

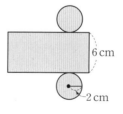

기본기 탄탄 문제 개념 **37~42**

· 본문 104쪽

1 ②, ⑤   **2** ④   **3** ③, ⑤   **4** ④

5 24 cm²   **6** 2 cm

1 ① 사각뿔 – 삼각형　　　　　　③ 오각기둥 – 직사각형

④ 삼각뿔대 – 사다리꼴

따라서 바르게 짝 지어진 것은 ②, ⑤이다.

2 내각의 크기의 합이 $720°$인 다각형을 n각형이라 하면

$180° \times (n-2) = 720°$, $n-2 = 4$　　∴ $n = 6$, 즉 육각형

따라서 주어진 각뿔대는 육각뿔대이므로 모서리의 개수는

$3 \times 6 = 18$(개)

3 ① 정사면체의 모서리의 개수는 6개이다.

② 정팔면체의 꼭짓점의 개수는 6개이다.

④ 정이십면체를 이루는 면의 모양은 정삼각형이다.

따라서 옳은 것은 ③, ⑤이다.

5 구하는 단면의 넓이는 밑변의 길이가 $4+4 = 8$(cm),

높이가 6 cm인 삼각형의 넓이와 같으므로

$\dfrac{1}{2} \times 8 \times 6 = 24$(cm^2)

6 밑면인 원의 둘레의 길이는 옆면인 부채꼴의 호의 길이와 같으므로

밑면인 원의 반지름의 길이를 r cm라 하면

$2\pi \times 8 \times \dfrac{90}{360} = 2\pi \times r$, $4\pi = 2\pi r$　　∴ $r = 2$

따라서 구하는 반지름의 길이는 2 cm이다.

개념 **43** 기둥의 겉넓이

· 본문 105~108쪽

01 (1) 336 cm^2

풀이 ❶ 6, 24 ❷ 6, 24, 24, 288 ❸ 24, 288, 336

(2) 108 cm^2　(3) 162 cm^2

02 (1) 30, 176, 236　(2) 6, 84, 96　(3) 12, 180, 204

(4) 21, 192, 234

03 (1) 78 cm^2　(2) 152 cm^2　(3) 144 cm^2　(4) 268 cm^2

(5) 216 cm^2

04 (1) 24π cm^2

풀이 ❶ 2, 4π, ❷ 2, 4π, 4π, 16π ❸ 4π, 16π, 24π

(2) 48π cm^2　(3) 8π cm^2

(4) $(9\pi + 40)$ cm^2

풀이 ❶ 4, 45, 2π ❷ 4, 45, π

❸ π, $\pi+8$, $\pi+8$, 5$\pi+40$

❹ 2π, 5$\pi+40$, 9$\pi+40$

(5) $(42\pi + 96)$ cm^2　(6) $(72\pi + 144)$ cm^2

05 (1) 16π, 48π, 80π　(2) 8π, 40$\pi+80$, 56$\pi+80$

(3) 4π, 18$\pi+72$, 26$\pi+72$

06 (1) 48π cm^2　(2) $(14\pi + 20)$ cm^2

(3) $(56\pi + 96)$ cm^2　(4) $(168\pi + 96)$ cm^2

07 ②

01 (2) (밑넓이)$= \dfrac{1}{2} \times 3 \times 4 = 6$(cm^2)

(옆면의 가로의 길이)$= 3+4+5 = 12$(cm),

(옆면의 세로의 길이)$= 8$ cm이므로

(옆넓이)$= 12 \times 8 = 96$(cm^2)

∴ (겉넓이)$= 6 \times 2 + 96 = 108$(cm^2)

(3) (밑넓이)$= \dfrac{1}{2} \times (3+6) \times 4 = 18$(cm^2)

(옆면의 가로의 길이)$= 4+6+5+3 = 18$(cm),

(옆면의 세로의 길이)$= 7$ cm이므로

(옆넓이)$= 18 \times 7 = 126$(cm^2)

∴ (겉넓이)$= 18 \times 2 + 126 = 162$(cm^2)

02 (1) (밑넓이)$= 5 \times 6 = 30$(cm^2)

(옆넓이)$= (5+6+5+6) \times 8 = 176$(cm^2)

∴ (겉넓이)$= 30 \times 2 + 176 = 236$(cm^2)

(2) (밑넓이)$= \dfrac{1}{2} \times 3 \times 4 = 6$(cm^2)

(옆넓이)$= (3+4+5) \times 7 = 84$(cm^2)

∴ (겉넓이)$= 6 \times 2 + 84 = 96$(cm^2)

(3) (밑넓이)$= \dfrac{1}{2} \times 8 \times 3 = 12$(cm^2)

(옆넓이)$= (5+5+8) \times 10 = 180$(cm^2)

∴ (겉넓이)$= 12 \times 2 + 180 = 204$(cm^2)

(4) (밑넓이)$= \dfrac{1}{2} \times (11+3) \times 3 = 21$(cm^2)

(옆넓이)$= (11+5+3+5) \times 8 = 192$(cm^2)

∴ (겉넓이)$= 21 \times 2 + 192 = 234$(cm^2)

03 (1) (밑넓이)$= 3 \times 3 = 9$(cm^2)

(옆넓이)$= (3+3+3+3) \times 5 = 60$(cm^2)

∴ (겉넓이)$= 9 \times 2 + 60 = 78$(cm^2)

(2) (밑넓이)$= \dfrac{1}{2} \times 6 \times 4 = 12$(cm^2)

(옆넓이)$= (5+6+5) \times 8 = 128$(cm^2)

∴ (겉넓이)$= 12 \times 2 + 128 = 152$(cm^2)

(3) (밑넓이)$= \dfrac{1}{2} \times 6 \times 8 = 24$(cm^2)

(옆넓이)$= (6+10+8) \times 4 = 96$(cm^2)

∴ (겉넓이)$= 24 \times 2 + 96 = 144$(cm^2)

(4) (밑넓이)$= \dfrac{1}{2} \times (3+9) \times 4 = 24$(cm^2)

(옆넓이)$= (5+3+9+5) \times 10 = 220$(cm^2)

∴ (겉넓이)$= 24 \times 2 + 220 = 268$(cm^2)

(5) (밑넓이)$= \dfrac{1}{2} \times (4+8) \times 3 = 18$(cm^2)

(옆넓이)$= (5+8+3+4) \times 9 = 180$(cm^2)

∴ (겉넓이)$= 18 \times 2 + 180 = 216$(cm^2)

04 (2) (밑넓이)$= \pi \times 3^2 = 9\pi$(cm^2)

(옆면의 가로의 길이)$= 2\pi \times 3 = 6\pi$(cm),

(옆면의 세로의 길이)$= 5$ cm이므로

(옆넓이)$= 6\pi \times 5 = 30\pi$(cm^2)

∴ (겉넓이)$= 9\pi \times 2 + 30\pi = 48\pi$(cm^2)

(3) $(밑넓이)=\pi\times1^2=\pi(cm^2)$

  $(옆면의\ 가로의\ 길이)=2\pi\times1=2\pi(cm)$,

  $(옆면의\ 세로의\ 길이)=3\,cm$이므로

  $(옆넓이)=2\pi\times3=6\pi(cm^2)$

  $\therefore (겉넓이)=\pi\times2+6\pi=8\pi(cm^2)$

(5) $(밑넓이)=\pi\times6^2\times\dfrac{90}{360}=9\pi(cm^2)$

  $(옆면의\ 가로의\ 길이)=\left(2\pi\times6\times\dfrac{90}{360}\right)+6+6$

  $\qquad\qquad\qquad\qquad=3\pi+12(cm)$,

  $(옆면의\ 세로의\ 길이)=8\,cm$이므로

  $(옆넓이)=(3\pi+12)\times8=24\pi+96(cm^2)$

  $\therefore (겉넓이)=9\pi\times2+24\pi+96=42\pi+96(cm^2)$

(6) $(밑넓이)=\pi\times12^2\times\dfrac{60}{360}=24\pi(cm^2)$

  $(옆면의\ 가로의\ 길이)=\left(2\pi\times12\times\dfrac{60}{360}\right)+12+12$

  $\qquad\qquad\qquad\qquad=4\pi+24(cm)$,

  $(옆면의\ 세로의\ 길이)=6\,cm$이므로

  $(옆넓이)=(4\pi+24)\times6=24\pi+144(cm^2)$

  $\therefore (겉넓이)=24\pi\times2+24\pi+144=72\pi+144(cm^2)$

05 (1) $(밑넓이)=\pi\times4^2=16\pi(cm^2)$

  $(옆넓이)=(2\pi\times4)\times6=48\pi(cm^2)$

  $\therefore (겉넓이)=16\pi\times2+48\pi=80\pi(cm^2)$

(2) $(밑넓이)=\dfrac{1}{2}\times\pi\times4^2=8\pi(cm^2)$

  $(옆넓이)=\left\{\left(2\pi\times4\times\dfrac{1}{2}\right)+8\right\}\times10=40\pi+80(cm^2)$

  $\therefore (겉넓이)=8\pi\times2+40\pi+80=56\pi+80(cm^2)$

(3) $(밑넓이)=\pi\times4^2\times\dfrac{90}{360}=4\pi(cm^2)$

  $(옆넓이)=\left\{\left(2\pi\times4\times\dfrac{1}{4}\right)+4+4\right\}\times9=18\pi+72(cm^2)$

  $\therefore (겉넓이)=4\pi\times2+18\pi+72=26\pi+72(cm^2)$

06 (1) $(밑넓이)=\pi\times3^2=9\pi(cm^2)$

  $(옆넓이)=(2\pi\times3)\times5=30\pi(cm^2)$

  $\therefore (겉넓이)=9\pi\times2+30\pi=48\pi(cm^2)$

(2) $(밑넓이)=\dfrac{1}{2}\times\pi\times2^2=2\pi(cm^2)$

  $(옆넓이)=\left\{\left(2\pi\times2\times\dfrac{1}{2}\right)+4\right\}\times5=10\pi+20(cm^2)$

  $\therefore (겉넓이)=2\pi\times2+10\pi+20=14\pi+20(cm^2)$

(3) $(밑넓이)=\pi\times6^2\times\dfrac{120}{360}=12\pi(cm^2)$

  $(옆넓이)=\left\{\left(2\pi\times6\times\dfrac{120}{360}\right)+6+6\right\}\times8=32\pi+96(cm^2)$

  $\therefore (겉넓이)=12\pi\times2+32\pi+96=56\pi+96(cm^2)$

(4) $(밑넓이)=\pi\times8^2\times\dfrac{270}{360}=48\pi(cm^2)$

  $(옆넓이)=\left\{\left(2\pi\times8\times\dfrac{270}{360}\right)+8+8\right\}\times6=72\pi+96(cm^2)$

  $\therefore (겉넓이)=48\pi\times2+72\pi+96=168\pi+96(cm^2)$

07 원기둥의 밑면의 반지름의 길이를 $r\,cm$라 하면

  $2\pi\times r=10\pi$ $\therefore r=5$

  따라서 원기둥의 밑면의 반지름의 길이가 $5\,cm$이므로

  $(밑넓이)=\pi\times5^2=25\pi(cm^2)$,

  $(옆넓이)=10\pi\times6=60\pi(cm^2)$

  $\therefore (겉넓이)=25\pi\times2+60\pi=110\pi(cm^2)$

개념 **44** 기둥의 부피

· 본문 109~110쪽

---

01 (1) 6, 5, 30   **풀이** ▶ ❶ 6 ❷ 5 ❸ 6, 5, 30

  (2) 25, 8, 200

02 (1) $192\,cm^3$ (2) $120\,cm^3$ (3) $180\,cm^3$

03 (1) 16π, 6, 96π

  풀이 ▶ ❶ 4, 16π ❷ 6 ❸ 16π, 6, 96π

  (2) 6π, 5, 30π

  풀이 ▶ ❶ 3, 240, 6π ❷ 5 ❸ 6π, 5, 30π

  (3) 3π, 4, 12π

04 (1) $200\pi\,cm^3$ (2) $245\pi\,cm^3$ (3) $27\pi\,cm^3$ (4) $90\pi\,cm^3$

05 ②

---

01 (2) $(밑넓이)=5\times5=25(cm^2)$

  $(높이)=8\,cm$

  $(부피)=25\times8=200(cm^3)$

02 (1) $\left(\dfrac{1}{2}\times6\times8\right)\times8=192(cm^3)$

  (2) $\left(\dfrac{1}{2}\times6\times8\right)\times5=120(cm^3)$

  (3) $\left\{\dfrac{1}{2}\times(4+8)\times6\right\}\times5=180(cm^3)$

03 (3) $(밑넓이)=\pi\times3^2\times\dfrac{120}{360}=3\pi(cm^2)$

  $(높이)=4\,cm$

  $(부피)=3\pi\times4=12\pi(cm^3)$

04 (1) $(\pi\times5^2)\times8=200\pi(cm^3)$

  (2) $(\pi\times7^2)\times5=245\pi(cm^3)$

  (3) $\left(\pi\times3^2\times\dfrac{1}{2}\right)\times6=27\pi(cm^3)$

  (4) $\left(\pi\times6^2\times\dfrac{1}{4}\right)\times10=90\pi(cm^3)$

05 $(밑넓이)=\dfrac{1}{2}\times5\times2+\dfrac{1}{2}\times5\times3$

  $\qquad\qquad=\dfrac{25}{2}(cm^2)$

  사각기둥의 높이가 $6\,cm$이므로

  $(부피)=\dfrac{25}{2}\times6=75(cm^3)$

01 (1) 64 cm²

　　풀이 ▶ ❶ 1, 1, 8 ❷ 3, 3, 48 ❸ 8, 48, 64

　　(2) 24 cm³

　　(1) 풀이 ▶ ❶ 3, 27 ❷ 3, 3 ❸ 27, 3, 24

02 (1) 126π cm²

　　풀이 ▶ ❶ 5, 2, 21π ❷ 5, 6, 84π ❸ 21π, 84π, 126π

　　(2) 126π cm³

　　풀이 ▶ ❶ 5, 150π ❷ 2, 24π ❸ 150π, 24π, 126π

03 (1) 168 cm², 72 cm³　(2) 588 cm², 440 cm³

　　(3) 288 cm², 128 cm³　(4) 80π cm², 75π cm³

　　(5) 418π cm², 528π cm³　(6) 200π cm², 160π cm³

04 ④

---

03 (1) (밑넓이)$=4\times4-2\times2=12(\text{cm}^2)$

　　　(옆넓이)$=(4+4+4+4)\times6+(2+2+2+2)\times6$

　　　　　　　$=144(\text{cm}^2)$

　　　∴ (겉넓이)$=12\times2+144=168(\text{cm}^2)$

　　　∴ (부피)$=(4\times4\times6)-(2\times2\times6)=72(\text{cm}^3)$

　　(2) (밑넓이)$=8\times8-4\times5=44(\text{cm}^2)$

　　　(옆넓이)$=(8+8+8+8)\times10+(4+5+4+5)\times10$

　　　　　　　$=500(\text{cm}^2)$

　　　∴ (겉넓이)$=44\times2+500=588(\text{cm}^2)$

　　　∴ (부피)$=(8\times8\times10)-(5\times4\times10)=440(\text{cm}^3)$

　　(3) (밑넓이)$=6\times4-2\times2=16(\text{cm}^2)$

　　　(옆넓이)$=\{(6+4+6+4)\times8\}+\{(4+2+4+2)\times8\}$

　　　　　　　$=256(\text{cm}^2)$

　　　∴ (겉넓이)$=16\times2+256=288(\text{cm}^2)$

　　　∴ (부피)$=(6\times4\times8)-(4\times2\times8)=128(\text{cm}^3)$

　　(4) (밑넓이)$=\pi\times4^2-\pi\times1^2=15\pi(\text{cm}^2)$

　　　(옆넓이)$=2\pi\times4\times5+2\pi\times1\times5=50\pi(\text{cm}^2)$

　　　∴ (겉넓이)$=15\pi\times2+50\pi=80\pi(\text{cm}^2)$

　　　∴ (부피)$=(\pi\times4^2\times5)-(\pi\times1^2\times5)=75\pi(\text{cm}^3)$

　　(5) (밑넓이)$=\pi\times7^2-\pi\times4^2=33\pi(\text{cm}^2)$

　　　(옆넓이)$=2\pi\times7\times16+2\pi\times4\times16=352\pi(\text{cm}^2)$

　　　∴ (겉넓이)$=33\pi\times2+352\pi=418\pi(\text{cm}^2)$

　　　∴ (부피)$=(\pi\times7^2\times16)-(\pi\times4^2\times16)=528\pi(\text{cm}^3)$

　　(6) (밑넓이)$=\pi\times6^2-\pi\times4^2=20\pi(\text{cm}^2)$

　　　(옆넓이)$=2\pi\times6\times8+2\pi\times4\times8=160\pi(\text{cm}^2)$

　　　∴ (겉넓이)$=20\pi\times2+160\pi=200\pi(\text{cm}^2)$

　　　∴ (부피)$=(\pi\times6^2\times8)-(\pi\times4^2\times8)=160\pi(\text{cm}^3)$

04 (밑넓이)$=5\times3-\pi\times2^2$

　　　　　$=15-4\pi(\text{cm}^2)$

　　∴ (부피)$=(15-4\pi)\times6$

　　　　　$=90-24\pi(\text{cm}^3)$

---

01 (1) 33 cm²　풀이 ▶ ❶ 9 ❷ 4, 24 ❸ 9, 24, 33　(2) 56 cm²

02 (1) 25, 60, 85

　　풀이 ▶ ❶ 5, 5, 25 ❷ 6, 4, 60 ❸ 25, 60, 85

　　(2) 36, 48, 84

03 (1) 260 cm²　(2) 208 cm²

04 (1) 253 cm²　풀이 ▶ ❶ 97 ❷ 4, 156 ❸ 97, 156, 253

　　(2) 218 cm²　(3) 360 cm²　(4) 141 cm²

05 (1) 16π cm²　풀이 ▶ ❶ 4π ❷ 6, 12π ❸ 4π, 12π, 16π

　　(2) 33π cm²　(3) 44π cm²

06 (1) 16π, 32π, 48π

　　풀이 ▶ ❶ 4, 16π ❷ 8, 32π ❸ 16π, 32π, 48π

　　(2) 49π, 84π, 133π

　　풀이 ▶ ❶ 7, 49π ❷ 12, 84π ❸ 49π, 84π, 133π

07 (1) 84π cm²　(2) 70π cm²　(3) 33π cm²

08 (1) 14π cm²　풀이 ▶ ❶ 5π ❷ 6, 3, 9π ❸ 5π, 9π, 14π

　　(2) 44π cm²　(3) 66π cm²　(4) 92π cm²

09 8

---

01 (2) (밑넓이)$=4\times4=16(\text{cm}^2)$

　　　(옆넓이)$=\left(\dfrac{1}{2}\times4\times5\right)\times4=40(\text{cm}^2)$

　　　∴ (겉넓이)$=16+40=56(\text{cm}^2)$

02 (2) (밑넓이)$=6\times6=36(\text{cm}^2)$

　　　(옆넓이)$=\left(\dfrac{1}{2}\times6\times4\right)\times4=48(\text{cm}^2)$

　　　∴ (겉넓이)$=36+48=84(\text{cm}^2)$

03 (1) (밑넓이)$=10\times10=100(\text{cm}^2)$

　　　(옆넓이)$=\left(\dfrac{1}{2}\times10\times8\right)\times4=160(\text{cm}^2)$

　　　∴ (겉넓이)$=100+160=260(\text{cm}^2)$

　　(2) (밑넓이)$=8\times8=64(\text{cm}^2)$

　　　(옆넓이)$=\left(\dfrac{1}{2}\times8\times9\right)\times4=144(\text{cm}^2)$

　　　∴ (겉넓이)$=64+144=208(\text{cm}^2)$

04 (2) (밑넓이)$=5\times5+7\times7=74(\text{cm}^2)$

　　　(옆넓이)$=\left\{\dfrac{1}{2}\times(5+7)\times6\right\}\times4=144(\text{cm}^2)$

　　　∴ (겉넓이)$=74+144=218(\text{cm}^2)$

　　(3) (밑넓이)$=6\times6+10\times10=136(\text{cm}^2)$

　　　(옆넓이)$=\left\{\dfrac{1}{2}\times(6+10)\times7\right\}\times4=224(\text{cm}^2)$

　　　∴ (겉넓이)$=136+224=360(\text{cm}^2)$

　　(4) (밑넓이)$=2\times2+5\times5=29(\text{cm}^2)$

　　　(옆넓이)$=\left\{\dfrac{1}{2}\times(2+5)\times8\right\}\times4=112(\text{cm}^2)$

　　　∴ (겉넓이)$=29+112=141(\text{cm}^2)$

05 (2) (밑넓이)$=\pi\times3^2=9\pi(\text{cm}^2)$

(옆넓이)$=\pi\times3\times8=24\pi(\text{cm}^2)$

$\therefore$ (겉넓이)$=9\pi+24\pi=33\pi(\text{cm}^2)$

(3) (밑넓이)$=\pi\times4^2=16\pi(\text{cm}^2)$

(옆넓이)$=\pi\times4\times7=28\pi(\text{cm}^2)$

$\therefore$ (겉넓이)$=16\pi+28\pi=44\pi(\text{cm}^2)$

07 (1) (밑넓이)$=\pi\times6^2=36\pi(\text{cm}^2)$

(옆넓이)$=\pi\times6\times8=48\pi(\text{cm}^2)$

$\therefore$ (겉넓이)$=36\pi+48\pi=84\pi(\text{cm}^2)$

(2) (밑넓이)$=\pi\times5^2=25\pi(\text{cm}^2)$

(옆넓이)$=\pi\times5\times9=45\pi(\text{cm}^2)$

$\therefore$ (겉넓이)$=25\pi+45\pi=70\pi(\text{cm}^2)$

(3) (밑넓이)$=\pi\times3^2=9\pi(\text{cm}^2)$

(옆넓이)$=\pi\times3\times8=24\pi(\text{cm}^2)$

$\therefore$ (겉넓이)$=9\pi+24\pi=33\pi(\text{cm}^2)$

08 (2) (밑넓이)$=\pi\times2^2+\pi\times4^2=20\pi(\text{cm}^2)$

(옆넓이)$=\pi\times4\times8-\pi\times2\times4=24\pi(\text{cm}^2)$

$\therefore$ (겉넓이)$=20\pi+24\pi=44\pi(\text{cm}^2)$

(3) (밑넓이)$=\pi\times3^2+\pi\times5^2=34\pi(\text{cm}^2)$

(옆넓이)$=\pi\times5\times10-\pi\times3\times6=32\pi(\text{cm}^2)$

$\therefore$ (겉넓이)$=34\pi+32\pi=66\pi(\text{cm}^2)$

(4) (밑넓이)$=\pi\times4^2+\pi\times6^2=52\pi(\text{cm}^2)$

(옆넓이)$=\pi\times6\times12-\pi\times4\times8=40\pi(\text{cm}^2)$

$\therefore$ (겉넓이)$=52\pi+40\pi=92\pi(\text{cm}^2)$

09 $6\times6+\left(\dfrac{1}{2}\times6\times h\right)\times4=132$이므로

$36+12h=132$

$12h=96$ $\quad\therefore h=8$

개념 **47** 뿔의 부피

· 본문 117~119쪽

01 (1) $32\,\text{cm}^3$ 풀이▶ ❶ 4, 16 ❷ 6 ❸ 16, 6, 32

(2) $12\,\text{cm}^3$ (3) $60\,\text{cm}^3$ (4) $216\,\text{cm}^3$ (5) $40\,\text{cm}^3$

02 (1) $98\pi\,\text{cm}^3$ 풀이▶ ❶ 7, 49π ❷ 6 ❸ 49π, 6, 98π

(2) $15\pi\,\text{cm}^3$ (3) $84\pi\,\text{cm}^3$ (4) $75\pi\,\text{cm}^3$

(5) $256\pi\,\text{cm}^3$ 풀이▶ ❶ 8, 64π ❷ 12 ❸ 64π, 12, 256π

(6) $147\pi\,\text{cm}^3$ (7) $72\pi\,\text{cm}^3$

03 (1) $41\,\text{cm}^3$ 풀이▶ ❶ 5, 50 ❷ 3, 9 ❸ 50, 9, 41

(2) $224\,\text{cm}^3$ (3) $171\,\text{cm}^3$

04 (1) $105\pi\,\text{cm}^3$

풀이▶ ❶ 6, 120π ❷ 3, 15π, ❸ 120π, 15π, 105π

(2) $224\pi\,\text{cm}^3$ (3) $234\pi\,\text{cm}^3$

05 $6\,\text{cm}$

01 (2) (밑넓이)$=3\times3=9(\text{cm}^2)$, (높이)$=4\,\text{cm}$

$\therefore$ (부피)$=\dfrac{1}{3}\times9\times4=12(\text{cm}^3)$

(3) (밑넓이)$=6\times6=36(\text{cm}^2)$, (높이)$=5\,\text{cm}$

$\therefore$ (부피)$=\dfrac{1}{3}\times36\times5=60(\text{cm}^3)$

(4) (밑넓이)$=9\times9=81(\text{cm}^2)$, (높이)$=8\,\text{cm}$

$\therefore$ (부피)$=\dfrac{1}{3}\times81\times8=216(\text{cm}^3)$

(5) (밑넓이)$=5\times4=20(\text{cm}^2)$, (높이)$=6\,\text{cm}$

$\therefore$ (부피)$=\dfrac{1}{3}\times20\times6=40(\text{cm}^3)$

02 (2) (밑넓이)$=\pi\times3^2=9\pi(\text{cm}^2)$, (높이)$=5\,\text{cm}$

$\therefore$ (부피)$=\dfrac{1}{3}\times9\pi\times5=15\pi(\text{cm}^3)$

(3) (밑넓이)$=\pi\times6^2=36\pi(\text{cm}^2)$, (높이)$=7\,\text{cm}$

$\therefore$ (부피)$=\dfrac{1}{3}\times36\pi\times7=84\pi(\text{cm}^3)$

(4) (밑넓이)$=\pi\times5^2=25\pi(\text{cm}^2)$, (높이)$=9\,\text{cm}$

$\therefore$ (부피)$=\dfrac{1}{3}\times25\pi\times9=75\pi(\text{cm}^3)$

(6) (밑넓이)$=\pi\times7^2=49\pi(\text{cm}^2)$, (높이)$=9\,\text{cm}$

$\therefore$ (부피)$=\dfrac{1}{3}\times49\pi\times9=147\pi(\text{cm}^3)$

(7) (밑넓이)$=\pi\times6^2=36\pi(\text{cm}^2)$, (높이)$=6\,\text{cm}$

$\therefore$ (부피)$=\dfrac{1}{3}\times36\pi\times6=72\pi(\text{cm}^3)$

03 (2) (큰 각뿔의 부피)$=\dfrac{1}{3}\times8^2\times12=256(\text{cm}^3)$

(작은 각뿔의 부피)$=\dfrac{1}{3}\times4^2\times6=32(\text{cm}^3)$

$\therefore$ (각뿔대의 부피)$=256-32=224(\text{cm}^3)$

(3) (큰 각뿔의 부피)$=\dfrac{1}{3}\times9^2\times9=243(\text{cm}^3)$

(작은 각뿔의 부피)$=\dfrac{1}{3}\times6^2\times6=72(\text{cm}^3)$

$\therefore$ (각뿔대의 부피)$=243-72=171(\text{cm}^3)$

04 (2) (큰 원뿔의 부피)$=\dfrac{1}{3}\times\pi\times8^2\times12=256\pi(\text{cm}^3)$

(작은 원뿔의 부피)$=\dfrac{1}{3}\times\pi\times4^2\times6=32\pi(\text{cm}^3)$

$\therefore$ (원뿔대의 부피)$=256\pi-32\pi=224\pi(\text{cm}^3)$

(3) (큰 원뿔의 부피)$=\dfrac{1}{3}\times\pi\times9^2\times9=243\pi(\text{cm}^3)$

(작은 원뿔의 부피)$=\dfrac{1}{3}\times\pi\times3^2\times3=9\pi(\text{cm}^3)$

$\therefore$ (원뿔대의 부피)$=243\pi-9\pi=234\pi(\text{cm}^3)$

05 (밑넓이)$=\dfrac{1}{2}\times4\times5=10(\text{cm}^2)$

삼각뿔의 높이를 $h\,\text{cm}$라 하면

$\dfrac{1}{3}\times10\times h=20$ $\quad\therefore h=6$

따라서 삼각뿔의 높이는 $6\,\text{cm}$이다.

개념 **48** 구의 겉넓이

· 본문 120~121쪽

01 (1) $64\pi\,\mathrm{cm}^2$ **풀이** ▶ $4, 64\pi$ (2) $16\pi\,\mathrm{cm}^2$ (3) $144\pi\,\mathrm{cm}^2$
02 (1) $48\pi\,\mathrm{cm}^2$ **풀이** ▶ ❶ 16π ❷ $4, 32\pi$ ❸ $16\pi, 32\pi, 48\pi$
 (2) $75\pi\,\mathrm{cm}^2$ (3) $147\pi\,\mathrm{cm}^2$
03 (1) $68\pi\,\mathrm{cm}^2$
 풀이 ▶ ❶ $4, 56\pi$ ❷ $4, 12\pi$ ❸ $56\pi, 12\pi, 68\pi$
 (2) $17\pi\,\mathrm{cm}^2$ (3) $144\pi\,\mathrm{cm}^2$
04 (1) $128\pi\,\mathrm{cm}^2$ (2) $60\pi\,\mathrm{cm}^2$
05 ②

01 (2) $4\pi\times2^2=16\pi(\mathrm{cm}^2)$
 (3) $4\pi\times6^2=144\pi(\mathrm{cm}^2)$

02 (2) (단면의 넓이)$=\pi\times5^2=25\pi(\mathrm{cm}^2)$
 (곡면의 넓이)$=4\pi\times5^2\times\dfrac{1}{2}=50\pi(\mathrm{cm}^2)$
 ∴ (겉넓이)$=25\pi+50\pi=75\pi(\mathrm{cm}^2)$
 (3) (단면의 넓이)$=\pi\times7^2=49\pi(\mathrm{cm}^2)$
 (곡면의 넓이)$=4\pi\times7^2\times\dfrac{1}{2}=98\pi(\mathrm{cm}^2)$
 ∴ (겉넓이)$=49\pi+98\pi=147\pi(\mathrm{cm}^2)$

03 (2) 곡면의 넓이는 구의 겉넓이의 $\dfrac{7}{8}$이므로
 $4\pi\times2^2\times\dfrac{7}{8}=14\pi(\mathrm{cm}^2)$
 단면의 넓이는 사분원 3개의 넓이의 합과 같으므로
 $\left(\pi\times2^2\times\dfrac{1}{4}\right)\times3=3\pi(\mathrm{cm}^2)$
 ∴ (겉넓이)$=14\pi+3\pi=17\pi(\mathrm{cm}^2)$
 (3) 곡면의 넓이는 구의 겉넓이의 $\dfrac{3}{4}$이므로
 $4\pi\times6^2\times\dfrac{3}{4}=108\pi(\mathrm{cm}^2)$
 단면의 넓이는 반원 2개의 넓이의 합과 같으므로
 $\left(\pi\times6^2\times\dfrac{1}{2}\right)\times2=36\pi(\mathrm{cm}^2)$
 ∴ (겉넓이)$=108\pi+36\pi=144\pi(\mathrm{cm}^2)$

04 (1) 곡면의 넓이는 구의 겉넓이의 $\dfrac{1}{4}$이므로
 $4\pi\times8^2\times\dfrac{1}{4}=64\pi(\mathrm{cm}^2)$
 단면의 넓이는 반원 2개의 넓이의 합과 같으므로
 $\left(\pi\times8^2\times\dfrac{1}{2}\right)\times2=64\pi(\mathrm{cm}^2)$
 ∴ (겉넓이)$=64\pi+64\pi=128\pi(\mathrm{cm}^2)$
 (2) (반구의 곡면의 넓이)$=\dfrac{1}{2}\times(4\pi\times3^2)=18\pi(\mathrm{cm}^2)$
 (원기둥의 옆넓이)$=(2\pi\times3)\times4=24\pi(\mathrm{cm}^2)$
 ∴ (겉넓이)$=18\pi\times2+24\pi=60\pi(\mathrm{cm}^2)$

05 반지름의 길이가 $6\,\mathrm{cm}$인 구의 겉넓이는
 $4\pi\times6^2=144\pi(\mathrm{cm}^2)$
 반지름의 길이가 $3\,\mathrm{cm}$인 구의 겉넓이는
 $4\pi\times3^2=36\pi(\mathrm{cm}^2)$
 따라서 구하는 겉넓이의 비는
 $144\pi:36\pi=4:1$

개념 **49** 구의 부피

· 본문 122쪽

01 (1) $\dfrac{256}{3}\pi\,\mathrm{cm}^3$ **풀이** ▶ $4, \dfrac{256}{3}\pi$ (2) $288\pi\,\mathrm{cm}^3$
 (3) $\dfrac{16}{3}\pi\,\mathrm{cm}^3$ (4) $9\pi\,\mathrm{cm}^3$ (5) $252\pi\,\mathrm{cm}^3$
02 $252\pi\,\mathrm{cm}^3$

01 (2) $\dfrac{4}{3}\pi\times6^3=288\pi(\mathrm{cm}^3)$
 (3) $\dfrac{4}{3}\pi\times2^3\times\dfrac{1}{2}=\dfrac{16}{3}\pi(\mathrm{cm}^3)$
 (4) $\dfrac{4}{3}\pi\times3^3\times\dfrac{1}{4}=9\pi(\mathrm{cm}^3)$
 (5) $\dfrac{4}{3}\pi\times6^3\times\dfrac{7}{8}=252\pi(\mathrm{cm}^3)$

02 (반구의 부피)$=\dfrac{4}{3}\pi\times6^3\times\dfrac{1}{2}=144\pi(\mathrm{cm}^3)$
 (원기둥의 부피)$=(\pi\times6^2)\times3=108\pi(\mathrm{cm}^3)$
 ∴ (입체도형의 부피)$=144\pi+108\pi=252\pi(\mathrm{cm}^3)$

기본기 탄탄 문제 개념 **43~49**

· 본문 123~124쪽

1 $6\,\mathrm{cm}$	**2** $8\,\mathrm{cm}$	**3** ②	**4** $64\pi\,\mathrm{cm}^2$
5 ①	**6** ③	**7** $108\pi\,\mathrm{cm}^3$	**8** $140\,\mathrm{cm}^3$
9 ③	**10** $16\,\mathrm{cm}$	**11** $147\pi\,\mathrm{cm}^2$	

1 정육면체의 한 모서리의 길이를 $a\,\mathrm{cm}\,(a>0)$라 하면
 $6\times a^2=216$
 $a^2=36$ ∴ $a=6$
 따라서 정육면체의 한 모서리의 길이는 $6\,\mathrm{cm}$이다.

2 (원기둥 A의 부피)$=(\pi\times4^2)\times2=32\pi(\mathrm{cm}^3)$
 원기둥 B의 높이를 $h\,\mathrm{cm}$라 하면 부피가 $32\pi\,\mathrm{cm}^3$이므로
 $(\pi\times2^2)\times h=32\pi$
 $4\pi h=32\pi$ ∴ $h=8$
 따라서 원기둥 B의 높이는 $8\,\mathrm{cm}$이다.

3 원뿔의 모선의 길이를 l cm라 하면 겉넓이가 48π cm²이므로

$$\pi \times 4^2 + \frac{1}{2} \times l \times (2\pi \times 4) = 48\pi$$

$$16\pi + 4\pi l = 48\pi$$

$$4\pi l = 32\pi \quad \therefore l = 8$$

따라서 원뿔의 모선의 길이는 8 cm이다.

4 밑면의 반지름의 길이를 r cm라 하면

$$2\pi \times 12 \times \frac{120}{360} = 2\pi r \quad \therefore r = 4(\text{cm})$$

$$\therefore (\text{겉넓이}) = \pi \times 4^2 + \pi \times 4 \times 12$$
$$= 64\pi(\text{cm}^2)$$

5 $(\text{옆넓이}) = \pi \times 5 \times (4+6) - \pi \times 2 \times 4$
$$= 50\pi - 8\pi = 42\pi(\text{cm}^2)$$

6 $(\text{밑넓이}) = \left(\frac{1}{2} \times 5 \times 2\right) + \left(\frac{1}{2} \times 5 \times 3\right) = \frac{25}{2}(\text{cm}^2)$

사각뿔의 높이가 12 cm이므로

$$(\text{부피}) = \frac{1}{3} \times \frac{25}{2} \times 12 = 50(\text{cm}^3)$$

7 $(\text{큰 원뿔의 부피}) = \frac{1}{3} \times (\pi \times 6^2) \times 6 = 72\pi(\text{cm}^3)$

$(\text{작은 원뿔의 부피}) = \frac{1}{3} \times (\pi \times 6^2) \times 3 = 36\pi(\text{cm}^3)$

$\therefore (\text{입체도형의 부피}) = (\text{큰 원뿔의 부피}) + (\text{작은 원뿔의 부피})$
$$= 72\pi + 36\pi = 108\pi(\text{cm}^3)$$

8 $(\text{큰 각뿔의 부피}) = \frac{1}{3} \times (8 \times 6) \times 10 = 160(\text{cm}^3)$

$(\text{작은 각뿔의 부피}) = \frac{1}{3} \times (4 \times 3) \times 5 = 20(\text{cm}^3)$

$\therefore (\text{각뿔대의 부피}) = 160 - 20 = 140(\text{cm}^3)$

9 구의 반지름의 길이를 r cm ($r>0$)라 하면
겉넓이가 16π cm²이므로

$$4\pi \times r^2 = 16\pi$$

$$r^2 = 4 \quad \therefore r = 2(\text{cm})$$

따라서 구의 부피는

$$\frac{4}{3}\pi \times 2^3 = \frac{32}{3}\pi(\text{cm}^3)$$

10 $(\text{구의 부피}) = (\text{원뿔의 부피}) \times \frac{3}{2}$이므로

원뿔의 높이를 h cm라 하면

$$\frac{4}{3}\pi \times 6^3 = \left\{\frac{1}{3} \times (\pi \times 6^2) \times h\right\} \times \frac{3}{2}$$

$$288\pi = 18\pi h \quad \therefore h = 16$$

따라서 원뿔의 높이는 16 cm이다.

11 입체도형은 오른쪽 그림과 같으므로

$(\text{겉넓이}) = \pi \times 7^2 + 4\pi \times 7^2 \times \frac{1}{2}$
$$= 147\pi(\text{cm}^2)$$

개념 **50** 대푯값
· 본문 126~130쪽

01 (1) 4　풀이 ▶ 총합, 개수, 6, 4　(2) 46　(3) 8
02 (1) 7　풀이 ▶ 5, 20, 7　(2) 45　(3) 4
03 (1) 3　풀이 ▶ 3, 3　(2) 21　(3) 4.5　풀이 ▶ 4, 5, 4, 5, 4, 4.5
　(4) 23　(5) 5　(6) 60
04 (1) 6　풀이 ▶ 2, 10, 6　(2) 8　(3) 5　(4) 20　(5) 73　(6) 76
05 (1) 5　풀이 ▶ 5, 5　(2) 11　(3) 5　(4) 9　(5) 12　(6) 빨강
　(7) 2, 3　풀이 ▶ 2, 2　(8) 13, 15　(9) 20, 23, 25　(10) 4, 5
　(11) 없다.　풀이 ▶ 없다　(12) 없다.
06 (1) 4.6, 4, 4　풀이 ▶ ① 5, 4.6 ② 4, 4 ❸ 4, 4　(2) 4.5, 4, 3
　(3) 3.5, 3, 3　(4) 5, 5, 4　(5) 8, 6.5, 5　(6) 14, 13.5, 없다.
07 (1) 6.8　(2) 25.5　(3) 16　(4) 13.5　(5) 43　(6) 25.5
08 (1) ○　(2) ○　(3) ×　(4) ×　(5) ○　(6) ○　(7) ○
09 (1) 10　(2) 9　(3) 3
10 (1) 66 mm　(2) 38.5 mm　(3) 없다.　(4) 중앙값

01 (2) $(\text{평균}) = \dfrac{26+42+50+66}{4} = 46$

(3) $(\text{평균}) = \dfrac{3+6+6+6+12+15}{6} = 8$

02 (2) $\dfrac{25+30+x+60}{4} = 40$

$$115+x=160 \quad \therefore x=45$$

(3) $\dfrac{7+x+6+8+5}{5} = 6$

$$26+x=30 \quad \therefore x=4$$

03 (2) 자료를 크기순으로 나열하면 13, 17, 21, 22, 25이므로
　　중앙값은 21이다.

(4) 자료를 크기순으로 나열하면 14, 18, 22, 24, 25, 26이므로
　　중앙에 있는 두 값은 22, 24이다.
　　따라서 중앙값은 $\dfrac{22+24}{2} = 23$

(5) 자료를 크기순으로 나열하면 1, 3, 4, 5, 5, 8, 9이므로
　　중앙값은 5이다.

(6) 자료를 크기순으로 나열하면 30, 40, 50, 60, 60, 70, 90, 90
　　이므로 중앙에 있는 두 값은 60, 60이다.
　　따라서 중앙값은 $\dfrac{60+60}{2} = 60$

04 (2) 중앙에 있는 두 값 x, 12의 평균이 중앙값 10과 같다.

$$\dfrac{x+12}{2} = 10, \; x+12=20 \quad \therefore x=8$$

(3) 중앙에 있는 두 값 x, 6의 평균이 중앙값 5.5와 같다.

$$\dfrac{x+6}{2} = 5.5, \; x+6=11 \quad \therefore x=5$$

(4) 중앙에 있는 두 값 18, x의 평균이 중앙값 19와 같다.

$\dfrac{18+x}{2}=19$, $18+x=38$　　$\therefore x=20$

(5) 중앙에 있는 두 값 69, x의 평균이 중앙값 71과 같다.

$\dfrac{69+x}{2}=71$, $69+x=142$　　$\therefore x=73$

(6) 중앙에 있는 두 값 x, 82의 평균이 중앙값 79와 같다.

$\dfrac{x+82}{2}=79$, $x+82=158$　　$\therefore x=76$

05 (2) 11이 두 번으로 가장 많이 나타나므로 최빈값은 11이다.

(3) 5가 세 번으로 가장 많이 나타나므로 최빈값은 5이다.

(4) 9가 세 번으로 가장 많이 나타나므로 최빈값은 9이다.

(5) 12가 네 번으로 가장 많이 나타나므로 최빈값은 12이다.

(6) 빨강이 세 번으로 가장 많이 나타나므로 최빈값은 빨강이다.

(8) 13과 15가 각각 두 번으로 가장 많이 나타나므로 최빈값은 13과 15이다.

(9) 20, 23, 25가 각각 두 번으로 가장 많이 나타나므로 최빈값은 20, 23, 25이다.

(10) 4와 5가 각각 세 번으로 가장 많이 나타나므로 최빈값은 4와 5이다.

(12) 변량이 나타나는 횟수가 모두 같으므로 최빈값은 없다.

06 (2) (평균)$=\dfrac{5+3+9+3+6+1}{6}=4.5$

자료를 크기순으로 나열하면 1, 3, 3, 5, 6, 9이므로

(중앙값)$=\dfrac{3+5}{2}=4$

3이 두 번으로 가장 많이 나타나므로 최빈값은 3이다.

(3) (평균)$=\dfrac{3+7+2+3+5+1}{6}=3.5$

자료를 크기순으로 나열하면 1, 2, 3, 3, 5, 7이므로

(중앙값)$=\dfrac{3+3}{2}=3$

3이 두 번으로 가장 많이 나타나므로 최빈값은 3이다.

(4) (평균)$=\dfrac{6+4+7+5+4+5+4}{7}=5$

자료를 크기순으로 나열하면 4, 4, 4, 5, 5, 6, 7이므로 중앙값은 5이다.

4가 세 번으로 가장 많이 나타나므로 최빈값은 4이다.

(5) (평균)$=\dfrac{5+1+14+5+8+12+5+14}{8}=8$

자료를 크기순으로 나열하면 1, 5, 5, 5, 8, 12, 14, 14이므로

(중앙값)$=\dfrac{5+8}{2}=6.5$

5가 세 번으로 가장 많이 나타나므로 최빈값은 5이다.

(6) (평균)$=\dfrac{13+19+18+14+15+12+11+10}{8}=14$

자료를 크기순으로 나열하면 10, 11, 12, 13, 14, 15, 18, 19이므로

(중앙값)$=\dfrac{13+14}{2}=13.5$

변량이 나타나는 횟수가 모두 같으므로 최빈값은 없다.

07 (1) $a=\dfrac{1+2+2+3+6}{5}=2.8$

$b=2$, $c=2$

$\therefore a+b+c=2.8+2+2=6.8$

(2) $a=\dfrac{7+9+9+10+8+5}{6}=8$

자료를 크기순으로 나열하면 5, 7, 8, 9, 9, 10이므로

$b=\dfrac{8+9}{2}=8.5$, $c=9$

$\therefore a+b+c=8+8.5+9=25.5$

(3) $a=\dfrac{6+4+7+9+10+2+4}{7}=6$

자료를 크기순으로 나열하면 2, 4, 4, 6, 7, 9, 10이므로

$b=6$, $c=4$

$\therefore a+b+c=6+6+4=16$

(4) $a=\dfrac{4+1+7+5+7+4+4+8}{8}=5$

자료를 크기순으로 나열하면 1, 4, 4, 4, 5, 7, 7, 8이므로

$b=\dfrac{4+5}{2}=4.5$, $c=4$

$\therefore a+b+c=5+4.5+4=13.5$

(5) $a=\dfrac{12+15+12+15+12+17+18+19+24}{9}=16$

자료를 크기순으로 나열하면 12, 12, 12, 15, 15, 17, 18, 19, 24이므로 $b=15$, $c=12$

$\therefore a+b+c=16+15+12=43$

(6) $a=\dfrac{9+8+6+7+9+6+10+9+7+9}{10}=8$

자료를 크기순으로 나열하면 6, 6, 7, 7, 8, 9, 9, 9, 9, 10이므로 $b=\dfrac{8+9}{2}=8.5$, $c=9$

$\therefore a+b+c=8+8.5+9=25.5$

08 (3) 자료의 개수가 짝수인 경우에 중앙값은 한가운데 놓이는 두 값의 평균으로, 이 평균은 자료에 있는 값이 아닐 수도 있다.

(4) 변량이 나타나는 횟수가 모두 같으면 최빈값은 없다.

09 (1) $\dfrac{10+12+x+8+10+12+8}{7}=10$이므로

$x+60=70$　　$\therefore x=10$

따라서 10, 12, 10, 8, 10, 12, 8의 자료에서 10이 3번으로 가장 많이 나타나므로 최빈값은 10이다.

(2) 크기순으로 나열된 6개의 수의 중앙값이 7이므로

$\dfrac{5+x}{2}=7$, $5+x=14$　　$\therefore x=9$

(3) x를 제외한 5개의 수에서 3, 4가 각각 두 번씩 나타나므로 주어진 6개의 수에서 최빈값이 3이려면 $x=3$이어야 한다.

10 (1) (평균)$=\dfrac{42+35+29+32+50+208}{6}=66\,(\text{mm})$

(2) 자료를 크기순으로 나열하면

29 mm, 32 mm, 35 mm, 42 mm, 50 mm, 208 mm

$\therefore$ (중앙값)$=\dfrac{35+42}{2}=38.5\,(\text{mm})$

(3) 변량이 나타나는 횟수가 모두 같으므로 최빈값은 없다.

(4) 208 mm와 같이 극단적인 값이 있으므로 중앙값이 평균보다 대푯값으로 더 적절하다.

또 이 자료의 최빈값은 없다.

따라서 대푯값으로 가장 적절한 것은 중앙값이다.

참고 자료의 특성에 따른 적절한 대푯값

① 평균: 대푯값으로 가장 많이 쓰이며, 자료에 극단적인 값이 포함되어 있으면 그 값에 영향을 많이 받는다.

② 중앙값: 자료에 극단적인 값이 있는 경우, 중앙값이 평균보다 대푯값으로 적절하다.

③ 최빈값: 선호도를 조사할 때 주로 쓰이며, 변량이 중복되어 나타나거나 변량이 수가 아닌 자료의 대푯값으로 적절하다.

개념 51 줄기와 잎 그림

· 본문 131~134쪽

01 풀이 참조
02 (1) 2, 4, 5 (2) 2, 3, 5, 6
03 (1) 2, 3, 4, 4, 7 (2) 0, 1, 5, 6, 6, 9
04 (1) 2, 4, 7, 9 (2) 4 (3) 2
05 (1) 2, 3, 4, 5 (2) 14 (3) 12
06 (1) 5회 (2) 36회
07 (1) 31 kg (2) 65 kg
08 (1) 16명 (2) 6명
09 (1) 18명 (2) 5명
10 (1) 5명 (2) 7명
11 (1) 10명 (2) 12명
12 (1) 79개 (2) 65개
13 ⑤

---

01 (1)

줄기	잎
6	2 5 6
7	3 4 5 8 9
8	1 5 7
9	3

(2)

줄기	잎
3	2 9
4	0 1 3 3 8
5	2 4 6
6	1 3

(3)

줄기	잎
11	0 2 3
12	1 4 5 6 7 9
13	2 6 7
14	1 3 4 5
15	3 4

08 (1) 마라톤 대회에 참가한 전체 사람 수는 $2+5+6+3=16$(명)

(2) 나이가 35세보다 많은 사람 수는 37, 38, 38, 42, 43, 46의 6명이다.

09 (1) 수정이네 반 전체 학생 수는 $3+4+6+5=18$(명)

(2) 읽은 책의 수가 16권보다 적은 사람 수는 14, 12, 7, 5, 3의 5명이다.

---

10 (1) 음악 점수가 63점 이하인 학생 수는 62, 57, 55, 53, 51의 5명이다.

(2) 음악 점수가 72점 이상 85점 이하인 학생 수는 73, 74, 75, 77, 78, 84, 85의 7명이다.

11 (1) 공 던지기 기록이 33 m 초과인 학생 수는 35, 37, 38, 38, 39, 40, 44, 46, 47, 49의 10명이다.

(2) 공 던지기 기록이 25 m 이상 46 m 미만인 학생 수는 25, 26, 27, 32, 33, 35, 37, 38, 38, 39, 40, 44의 12명이다.

12 (1) 생수 판매량이 가장 많은 가게의 생수 판매량부터 차례로 나열하면 87, 86, 85, 83, 80, 79, …이므로 생수 판매량이 6번째로 많은 가게의 생수 판매량은 79개이다.

(2) 생수 판매량이 가장 적은 가게의 생수 판매량부터 차례로 나열하면 52, 54, 57, 58, 60, 61, 63, 65, …이므로 생수 판매량이 8번째로 적은 가게의 생수 판매량은 65개이다.

13 ① 잎이 가장 많은 줄기는 잎의 개수가 7개인 2이다.

② 우식이네 반 전체 학생 수는
$5+7+4+6=22$(명)

③ 컴퓨터 사용 시간이 40분 이상인 학생 수는 40, 41, 44, 45, 46, 47의 6명이다.

⑤ 컴퓨터 사용 시간이 많은 학생의 시간부터 차례로 나열하면 47, 46, 45, 44, 41, 40, 37, 36, …이므로 사용 시간이 8번째로 많은 학생의 시간은 36분이다.

따라서 옳지 않은 것은 ⑤이다.

개념 52 도수분포표 (1)

· 본문 135~136쪽

01 6, 6, 5, 3
02 3, 6, 9, 8, 6
03 (1) 10분 (2) 5개 (3) 30명 (4) 10분 이상 20분 미만
    (5) 8명 (6) 17명 (7) 10분 이상 20분 미만
    (8) 40분 이상 50분 미만 (9) 0분 이상 10분 미만
    (10) 30분 이상 40분 미만
04 18

---

03 (3) $2+3+8+12+5=30$(명)

(6) $12+5=17$(명)

04 계급의 개수는

0회 이상 2회 미만, 2회 이상 4회 미만, 4회 이상 6회 미만,
6회 이상 8회 미만, 8회 이상 10회 미만의 5개이므로
$a=5$

계급의 크기는
$2-0=4-2=6-4=8-6=10-8=2$(회)이므로
$b=2$

턱걸이 횟수가 4회 미만인 학생 수는 $3+8=11$(명)이므로
$c=11$
$\therefore a+b+c=5+2+11=18$

개념 **53** 도수분포표 (2)

· 본문 137~139쪽

01 (1) 4 (2) 8 (3) 10
02 (1) 12명 풀이 ▶ 9, 3, 9, 3, 12
　　(2) 18권 이상 24권 미만 풀이 ▶ 9, 12, 18, 24
03 (1) 10 (2) 24명 (3) 40회 이상 50회 미만
　　(4) 10회 이상 20회 미만
04 (1) 6명 (2) 30 % 풀이 ▶ 6, 6, 30 (3) 13명 (4) 65 %
05 (1) 6명 (2) 17명 (3) 68 % (4) 56 %
06 (1) 20 % (2) 30 %　　　**07** ④

01 (1) $20-(3+4+9)=4$
　　(2) $25-(5+10+2)=8$
　　(3) $30-(3+6+7+4)=10$

02 읽은 책의 수가 18권 이상 24권 미만인 학생 수는
　　$30-(4+5+9+3)=9$(명)

03 (1) $A=40-(5+4+15+4+2)=10$
　　(2) 팔굽혀펴기 횟수가 30회 미만인 학생 수는
　　　$5+4+15=24$(명)
　　(3) 팔굽혀펴기 횟수가 많은 계급부터 도수를 차례로 더하면 2명,
　　　$2+4=6$(명)이므로 팔굽혀펴기 횟수가 5번째로 많은 학생이
　　　속하는 계급은 40회 이상 50회 미만이다.
　　(4) 팔굽혀펴기 횟수가 적은 계급부터 도수를 차례로 더하면 5명,
　　　$5+4=9$(명)이므로 팔굽혀펴기 횟수가 8번째로 적은 학생이
　　　속하는 계급은 10회 이상 20회 미만이다.

04 (1) 오래 매달리기 기록이 20초 이상 30초 미만인 학생 수는
　　　$20-(2+2+7+3)=6$(명)
　　(3), (4) 전체 학생 수는 20명이고, 오래 매달리기 기록이 20초 이상
　　　40초 미만인 학생은 $6+7=13$(명)이므로
　　　전체의 $\dfrac{13}{20}\times100=65(\%)$

05 (1) 봉사 시간이 90분 이상 120분 미만인 학생 수는
　　　$25-(3+5+9+2)=6$(명)
　　(2) 봉사 시간이 90분 이상인 학생 수는
　　　$6+9+2=17$(명)
　　(3) 전체 학생 수는 25명이고, 봉사 시간이 90분 이상인
　　　17명이므로
　　　전체의 $\dfrac{17}{25}\times100=68(\%)$

(4) 전체 학생 수는 25명이고, 봉사 시간이 120분 미만인 학생은
　　$3+5+6=14$(명)이므로
　　전체의 $\dfrac{14}{25}\times100=56(\%)$

06 (1) 전체 학생 수는 30명이고, 통학 시간이 20분 미만인 학생은
　　　$1+5=6$(명)이므로
　　　전체의 $\dfrac{6}{30}\times100=20(\%)$
　　(2) $A=30-(1+5+15+2)=7$
　　　전체 학생 수는 30명이고, 통학 시간이 30분 이상인 학생은
　　　$7+2=9$(명)이므로
　　　전체의 $\dfrac{9}{30}\times100=30(\%)$

07 ① 계급의 크기는 $5-0=10-5=\cdots=30-25=5$(초)이다.
　　② $A=40-(5+7+11+3+2)=12$
　　③ 팽이 돌리기 기록이 15초 미만인 학생 수는
　　　$5+7+11=23$(명)
　　④ 팽이 돌리기 기록이 25초 이상인 학생 수는 2명, 20초 이상인
　　　학생 수는 $3+2=5$(명)이므로 팽이 돌리기 기록이 4번째로 긴
　　　학생이 속하는 계급은 20초 이상 25초 미만이다.
　　　즉, 구하는 계급의 도수는 3명이다.
　　⑤ 팽이 돌리기 기록이 10초 미만인 학생은 $5+7=12$(명)이므로
　　　전체의 $\dfrac{12}{40}\times100=30(\%)$
　　따라서 옳은 것은 ④이다.

개념 **54** 히스토그램

· 본문 140~142쪽

01 풀이 참조
02 (1) 6개 (2) 2초 (3) 16초 이상 18초 미만
　　(4) 34명 풀이 ▶ 4, 7, 11, 8, 3, 1, 4, 7, 11, 8, 3, 1, 34
03 (1) 5개 (2) 5점 (3) 25점 이상 30점 미만 (4) 12명 (5) 36명
04 (1) 6명 풀이 ▶ 2, 4, 2, 4, 6
　　(2) 40 kg 이상 45 kg 미만 풀이 ▶ 3, 10, 14, 40, 45
　　(3) 20 % 풀이 ▶ 20, 4, 4, 20, 20
05 (1) 8권 이상 12권 미만 (2) 22 %
06 (1) 118 cm 이상 122 cm 미만 (2) 60 %

01 (1)

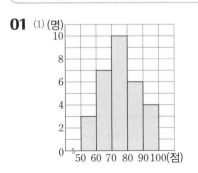

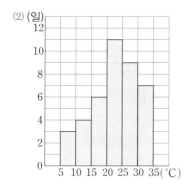

(2) (일)

02 (2) $14-12=16-14=\cdots=24-22=2$(초)

03 (4) 도수가 가장 큰 계급은 15점 이상 20점 미만이고
그 계급의 도수는 12명이다.
(5) $5+9+12+7+3=36$(명)

05 (1) 읽은 책의 수가 적은 계급부터 도수를 차례로 더하면 6명,
$6+10=16$(명)이므로 읽은 책의 수가 9번째로 적은 학생이 속
하는 계급은 8권 이상 12권 미만이다.
(2) 전체 학생 수는 $6+10+12+11+7+4=50$(명)이고, 읽은 책
의 수가 20권 이상인 학생은 $7+4=11$(명)이므로
전체의 $\dfrac{11}{50}\times100=22(\%)$

06 (1) 키가 큰 계급부터 도수를 차례로 더하면 4명, $4+7=11$(명),
$4+7+11=22$(명)이므로 키가 12번째로 큰 학생이 속하는 계
급은 118 cm 이상 122 cm 미만이다.
(2) 전체 학생 수는 $3+5+11+7+4=30$(명)이고, 키가 118 cm
이상 126 cm 미만인 학생은 $11+7=18$(명)이므로
전체의 $\dfrac{18}{30}\times100=60(\%)$

개념 55 히스토그램의 특징
· 본문 143쪽

01 (1) 35 (2) 135 **풀이** ▶ 5, 8, 6, 135
(3) 4배 **풀이** ▶ 8, 2, 8, 2, 4
02 72
03 (1) 4배 (2) 450

01 (1) $5\times7=35$

02 $2\times(5+8+10+7+4+2)=72$

03 (1) 각 직사각형의 넓이는 각 계급의 도수에 정비례하고, 도수가 가
장 큰 계급의 도수는 12명, 도수가 가장 작은 계급의 도수는 3명
이므로 도수가 가장 큰 직사각형의 넓이는 가장 작은 직사각형
의 넓이의 $12\div3=4$(배)이다.
(2) 전체 학생 수는 $3+8+10+12+8+4=45$(명)이므로
(직사각형의 넓이의 합)$=$(계급의 크기)$\times$(도수의 총합)
$\qquad\qquad\qquad\qquad\quad=10\times45=450$

개념 56 도수분포다각형
· 본문 144~146쪽

01 풀이 참조
02 (1) 6개 (2) 2회 (3) 8회 이상 10회 미만 (4) 44명 (5) 9명
03 (1) 7개 (2) 6회 (3) 28회 이상 34회 미만 (4) 38명 (5) 5명
04 (1) 6명 **풀이** ▶ 2, 4, 2, 4, 6
(2) 16초 이상 17초 미만 **풀이** ▶ 8, 14, 16, 17
(3) 20 % **풀이** ▶ 30, 6, 6, 30, 20
05 (1) 25 % (2) 40 %
06 (1) 6명 (2) 24 %

01 (1) (명)

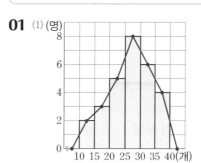

(2) (명)

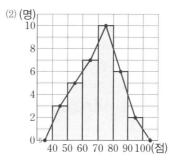

(3) (명)

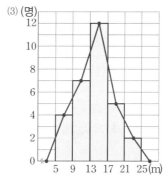

(4) (명)

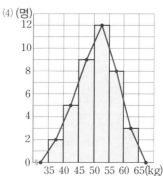

02 (2) $4-2=6-4=\cdots=14-12=2$(회)
(4) $2+5+9+12+10+6=44$(명)

03 (2) $16-10=22-16=\cdots=52-46=6$(회)

(4) $3+6+10+8+5+4+2=38$(명)

05 (1) 전체 학생 수는 $3+5+12+10+6+4=40$(명)이고, 체육 실기 점수가 70점 이상인 학생은 $6+4=10$(명)이므로

전체의 $\frac{10}{40}\times100=25(\%)$

(2) 전체 학생 수는 40명이고, 체육 실기 점수가 60점 이상 80점 미만인 학생은 $10+6=16$(명)이므로

전체의 $\frac{16}{40}\times100=40(\%)$

06 (1) 전체 학생 수가 25명이므로 봉사 활동 시간이 16시간 이상 20시간 미만인 학생 수는 $25-(2+5+10+2)=6$(명)

(2) $\frac{6}{25}\times100=24(\%)$

개념 **57** 도수분포다각형의 특징
· 본문 147~148쪽

01 (1) 115　**풀이** ▶ 5, 8, 6, 3, 직사각형, 도수, 8, 6, 3, 115

(2) 152　**풀이** ▶ 4, 8, 12, 7, 3, 넓이, 계급, 8, 12, 7, 3, 152

02 (1) 40　(2) 90　(3) 360　(4) 100　(5) 400

03 ③, ⑤

02 (1) 계급의 크기는 2시간이고 도수는 차례로 2, 3, 9, 5, 1명이므로 구하는 넓이는

$2\times(2+3+9+5+1)=40$

(2) 계급의 크기는 3점이고 도수는 차례로 4, 6, 10, 6, 4명이므로 구하는 넓이는

$3\times(4+6+10+6+4)=90$

(3) 계급의 크기는 10 m이고 도수는 차례로 4, 6, 10, 8, 5, 3명이 므로 구하는 넓이는

$10\times(4+6+10+8+5+3)=360$

(4) 계급의 크기는 4 kg이고 도수는 1, 2, 4, 10, 5, 3명이므로 구하는 넓이는

$4\times(1+2+4+10+5+3)=100$

(5) 계급의 크기는 10회이고 도수는 3, 4, 12, 9, 7, 5명이므로 구하는 넓이는

$10\times(3+4+12+9+7+5)=400$

03 ① 계급의 개수는 5개이다.

② 전체 학생 수는 $5+10+7+5+3=30$(명)

③ 영어 성적이 60점 이상인 학생은 $7+5+3=15$(명)이므로

$\frac{15}{30}\times100=50(\%)$

④ 영어 성적이 가장 높은 학생의 점수는 알 수 없다.

⑤ 도수분포다각형과 가로축으로 둘러싸인 부분의 넓이는

$10\times(5+10+7+5+3)=300$

따라서 옳은 것은 ③, ⑤이다.

개념 **58** 상대도수
· 본문 149~152쪽

01 (1) 8, 0.4, 2, 0.1　(2) 9, 0.36, 5, 0.2, 1

02 (1) 0.3, 0.2, 0.15, 0.05, 1

(2) 0.16, 0.26, 0.3, 0.14, 0.04, 1

03 (1) 0.3, 0.45, 0.15

(2) 0.75　**풀이** ▶ 0.3, 0.45, 0.3, 0.45, 0.75

(3) 40 %　**풀이** ▶ 0.1, 0.3, 0.4, 0.4, 40

04 (1) 0.16, 0.24, 0.22, 0.3, 0.08　(2) 0.46

(3) 40 %　(4) 38 %

05 (1) 5, 3　**풀이** ▶ 0.5, 5, 0.3, 3　(2) 4, 8, 5

(3) 2, 6, 12, 16, 4

06 (1) 9, 5, 20　**풀이** ▶ 0.3, 20, 20, 9, 20, 5

(2) 7, 9, 3, 25　(3) 10, 15, 13, 8, 50

07 (1) 2, 16, 0.1, 1　(2) 30초 이상 40초 미만

(3) 30초 이상 40초 미만　(4) 15 %

08 (1) 0.25, 7, 1, 20　(2) 25 %

09 7명

04 (2) 20분 이상 30분 미만인 계급의 상대도수는 0.24,

30분 이상 40분 미만인 계급의 상대도수는 0.22이므로

구하는 상대도수의 합은 $0.24+0.22=0.46$

(3) 통학 시간이 30분 미만인 학생이 속하는 계급의 상대도수의 합이

$0.16+0.24=0.4$이므로

전체의 $0.4\times100=40(\%)$

(4) 통학 시간이 40분 이상인 학생이 속하는 계급의 상대도수의 합이

$0.3+0.08=0.38$이므로

전체의 $0.38\times100=38(\%)$

05 (2) 10 이상 15 미만인 계급의 도수는 $20\times0.2=4$

15 이상 20 미만인 계급의 도수는 $20\times0.4=8$

20 이상 25 미만인 계급의 도수는 $20\times0.25=5$

(3) 40 이상 50 미만인 계급의 도수는 $40\times0.05=2$

50 이상 60 미만인 계급의 도수는 $40\times0.15=6$

60 이상 70 미만인 계급의 도수는 $40\times0.3=12$

70 이상 80 미만인 계급의 도수는 $40\times0.4=16$

80 이상 90 미만인 계급의 도수는 $40\times0.1=4$

06 (2) (도수의 총합)$=\frac{6}{0.24}=25$이므로

55 이상 60 미만인 계급의 도수는 $25\times0.28=7$

60 이상 65 미만인 계급의 도수는 $25\times0.36=9$

65 이상 70 미만인 계급의 도수는 $25\times0.12=3$

(3) (도수의 총합)$=\frac{4}{0.08}=50$이므로

5 이상 10 미만인 계급의 도수는 $50\times0.2=10$

10 이상 15 미만인 계급의 도수는 $50\times0.3=15$

15 이상 20 미만인 계급의 도수는 $50\times0.26=13$

20 이상 25 미만인 계급의 도수는 $50\times0.16=8$

07 (1) $A=40\times0.05=2$, $B=40\times0.4=16$, $C=\dfrac{4}{40}=0.1$

상대도수의 총합은 항상 1이므로 $D=1$

(4) 오래 매달리기 기록이 20초 미만인 학생이 속하는 계급의 상대
도수의 합은 $0.1+0.05=0.15$이므로
전체의 $0.15\times100=15(\%)$

08 (1) $D=\dfrac{3}{0.15}=20$이므로

$A=\dfrac{5}{20}=0.25$, $B=20\times0.35=7$, $C=20\times0.05=1$

(2) 컴퓨터 사용 시간이 6시간 이상인 학생이 속하는 계급의 상대도
수의 합은 $0.2+0.05=0.25$이므로
전체의 $0.25\times100=25(\%)$

09 6시간 이상인 계급의 상대도수의 합은

$0.25+0.1=0.35$

따라서 독서 시간이 6시간 이상인 학생 수는

$20\times0.35=7$(명)

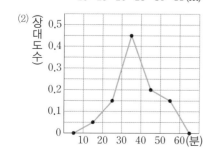

개념 **59** 상대도수의 분포를 나타낸 그래프 · 본문 153~155쪽

01 풀이 참조
02 (1) 0.6 풀이 ▶ 0.4, 0.2, 0.4, 0.2, 0.6
　　(2) 30 % 풀이 ▶ 0.2, 0.1, 0.3, 0.3, 30
　　(3) 5명 풀이 ▶ 0.25, 0.25, 5
03 (1) 0.18　(2) 28 %　(3) 44명　(4) 116명
04 (1) 40명 풀이 ▶ 0.5, 0.5, 40
　　(2) 12명 풀이 ▶ 0.3, 40, 0.3, 12
　　(3) 6명 풀이 ▶ 0.1, 0.05, 0.15, 40, 0.15, 6
05 (1) 80명　(2) 16명
06 0.15

01 (1) (상대도수) / (m)

(2) (상대도수) / (분)

---

03 (1) 1시간 이상 2시간 미만인 계급의 상대도수는 0.06,
2시간 이상 3시간 미만인 계급의 상대도수는 0.12이므로
구하는 상대도수의 합은
$0.06+0.12=0.18$

(2) 평균 운동 시간이 5시간 이상인 학생이 속하는 계급의 상대도수
의 합은 $0.26+0.02=0.28$이므로
전체의 $0.28\times100=28(\%)$

(3) 평균 운동 시간이 3시간 이상 4시간 미만인 학생이 속하는 계급
의 상대도수는 0.22이므로 학생 수는
$200\times0.22=44$(명)

(4) 평균 운동 시간이 4시간 이상 6시간 미만인 학생이 속하는 계급
의 상대도수의 합은 $0.32+0.26=0.58$이므로 학생 수는
$200\times0.58=116$(명)

05 (1) 키가 155 cm 이상 160 cm 미만인 학생이 속하는 계급의 상대
도수는 0.15이므로 전체 학생 수는
$\dfrac{12}{0.15}=80$(명)

(2) 키가 160 cm 이상 165 cm 미만인 학생이 속하는 계급의 상대
도수는 0.2이므로 학생 수는
$80\times0.2=16$(명)

06 50 m 이상 60 m 미만인 계급의 도수는
$20\times0.05=1$(명)
40 m 이상 50 m 미만인 계급의 도수는
$20\times0.1=2$(명)
30 m 이상 40 m 미만인 계급의 도수는
$20\times0.15=3$(명)
즉, 공 던지기 기록이 50 m 이상인 학생 수는 1명, 40 m 이상인 학생
수는 $2+1=3$(명), 30 m 이상인 학생 수는 $3+2+1=6$(명)이므로
기록이 5번째로 좋은 학생이 속하는 계급은 30 m 이상 40 m 미만
이다.
따라서 구하는 계급의 상대도수는 0.15이다.

개념 **60** 도수의 총합이 다른 두 집단의 비교 · 본문 156~157쪽

01 (1) 1학년: 55, 0.22, 0.32, 25
　　　　2학년: 40, 60, 0.3, 0.3, 200
　　(2) 2학년　(3) 1학년
02 (1) ×　(2) ○　(3) ×
03 (1) 9명, 4명　(2) 남학생　(3) 같다.
04 (1) 1반　(2) 2반　　　　　**05** ㄴ, ㄷ

01 (2) 상대도수를 비교하면 $0.22<0.3$이므로 수학 점수가 70점 이상
80점 미만인 학생의 비율은 2학년이 더 높다.

(3) 상대도수를 비교하면 $0.1>0.05$이므로 수학 점수가 90점 이상
100점 미만인 학생의 비율은 1학년이 더 높다.

02 (1) 남학생 수와 여학생 수는 알 수 없다.

(2) 100 m 달리기 기록이 16초 이상 17초 미만인 여학생, 남학생의 상대도수는 각각 0.3, 0.2이므로 여학생의 비율이 더 높다.

(3) 100 m 달리기 기록이 16초 이상 17초 미만인 여학생 수와 남학생 수는 각각 알 수 없으므로 그 수의 대소를 비교할 수 없다.

03 (1) (남학생 수)$=30 \times 0.3 = 9$(명)

(여학생 수)$=20 \times 0.2 = 4$(명)

(2) 윗몸 일으키기 횟수가 40회 이상인 여학생의 상대도수는 0.1, 남학생의 상대도수는 0.2이므로

(여학생의 비율)$=0.1 \times 100 = 10(\%)$

(남학생의 비율)$=0.2 \times 100 = 20(\%)$

따라서 남학생이 더 높다.

(3) 상대도수의 분포를 나타낸 그래프와 가로축으로 둘러싸인 부분의 넓이는 계급의 크기와 같고, 남학생과 여학생의 그래프에서 계급의 크기는 서로 같다.

따라서 넓이는 서로 같다.

04 (1) 4시간 이상 6시간 미만인 계급의 상대도수는 1반이 0.2, 2반이 0.1이므로 컴퓨터 사용 시간이 4시간 이상 6시간 미만인 학생의 비율은 1반이 더 높다.

(2) 2반의 그래프가 1반의 그래프보다 오른쪽으로 더 치우쳐 있으므로 2반의 컴퓨터 사용 시간이 대체적으로 더 길다고 할 수 있다.

05 ㄱ. 남학생 수와 여학생 수는 알 수 없다.

ㄴ. 남학생의 그래프가 여학생의 그래프보다 오른쪽으로 더 치우쳐 있으므로 남학생의 음악 스트리밍 서비스 이용 횟수가 대체적으로 더 많다고 할 수 있다.

ㄷ. 남학생의 자료에서 음악 스트리밍 서비스 이용 횟수에 대한 도수가 가장 큰 계급은 상대도수가 가장 큰 계급인 8회 이상 10회 미만이다.

따라서 옳은 것은 ㄴ, ㄷ이다.

기본기 탄탄 문제 개념 **50~60**

· 본문 158~160쪽

1 0	**2** 8	**3** $x=6$, 중앙값: 5.5	
4 중앙값, 22	**5** ③, ④	**6** (1) 40명 (2) 9명	
7 13명	**8** ④, ⑤	**9** 30명	**10** ④
11 0.3	**12** ①, ⑤	**13** ③	

1 주어진 자료를 작은 값에서부터 크기순으로 나열했을 때, 8번째 값인 12시간이 중앙값이므로 $a=12$

12시간이 세 번으로 가장 많이 나타나므로 최빈값은 12시간이다.

$\therefore b=12$

$\therefore b-a=12-12=0$

2 $\dfrac{a+b+c}{3}=8$이므로 $a+b+c=24$

$\therefore$ (5개의 수의 평균)$=\dfrac{6+a+b+c+10}{5}$

$=\dfrac{6+24+10}{5}=8$

3 주어진 자료의 최빈값이 6이므로 $x=6$

따라서 자료를 크기순으로 나열하면 1, 2, 5, 6, 6, 8이므로

(중앙값)$=\dfrac{5+6}{2}=5.5$

4 326과 같이 극단적인 값이 있으므로 평균은 대푯값으로 적절하지 않다. 또 변량이 나타나는 횟수가 모두 같으므로, 즉 중복되어 나타나는 변량이 없으므로 최빈값도 대푯값으로 적절하지 않다.

따라서 이 자료의 대푯값으로 가장 적절한 것은 중앙값이다.

이때 자료를 크기순으로 나열하면 16, 20, 21, 23, 25, 326이므로

(중앙값)$=\dfrac{21+23}{2}=22$

5 ① 전체 학생 수는 $4+4+6+7+4=25$(명)

② 잎의 개수가 가장 많은 줄기는 3이므로 학생 수가 가장 많은 점수대는 30점대이다.

③ 점수가 10점 미만인 학생은 4명이므로

전체의 $\dfrac{4}{25} \times 100 = 16(\%)$

④ 진주보다 점수가 높은 학생은 $3+4=7$(명)이다.

⑤ 낮은 점수부터 차례로 나열하면 2점, 5점, 8점, 9점, 10점, …이므로 점수가 낮은 쪽에서 5번째인 학생의 점수는 10점이다.

따라서 옳지 않은 것은 ③, ④이다.

6 (1) 효섭이네 반 전체 학생 수를 x명이라 하면 가슴둘레가 80 cm 이상인 학생이 전체의 50 %이므로

$\dfrac{16+4}{x} \times 100 = 50$, $50x=2000$ $\therefore x=40$

따라서 효섭이네 반 전체 학생 수는 40명이다.

(2) 가슴둘레가 75 cm 이상 80 cm 미만인 학생 수는

$40-(4+7+16+4)=9$(명)

7 걷는 시간이 40분 미만인 학생 수는 6명, 45분 미만인 학생 수는 $6+13=19$(명)이므로 걷는 시간이 10번째로 짧은 학생이 속하는 계급은 40분 이상 45분 미만이다.

따라서 구하는 도수는 13명이다.

8 ① 전체 관광객 수는 $3+8+5+11+6+4=37$(명)

② 나이가 적은 쪽에서 12번째인 관광객이 속하는 계급은 30세 이상 40세 미만이므로 구하는 도수는 5명이다.

④ ㈎의 색칠한 부분의 넓이는 ㈏의 색칠한 부분의 넓이와 같다.

⑤ 도수가 가장 큰 계급은 40세 이상 50세 미만이고, 도수가 가장 작은 계급은 10세 이상 20세 미만이므로 구하는 도수의 차는

$11-3=8$(명)

따라서 옳지 않은 것은 ④, ⑤이다.

9 전체 학생 수를 x명이라 하면 과학 점수가 70점 이상 80점 미만인 학생은 6명이고 전체의 20 %이므로

$$\frac{6}{x}\times 100=20,\ 20x=600 \qquad \therefore x=30$$

따라서 영웅이네 반 전체 학생 수는 30명이다.

10 팔굽혀펴기 기록이 상위 20 % 이내에 들려면

상위 $40\times\frac{20}{100}=8$(명) 이내에 들어야 한다.

이때 팔굽혀펴기 기록이 28회 이상인 학생 수는 2명, 24회 이상인 학생 수는 $6+2=8$(명)이다.

따라서 상위 20 % 이내에 들려면 최소 24회 이상을 해야 한다.

11 65 g 이상 70 g 미만인 계급의 도수는

$$40-(5+8+12+3)=12\text{(개)}$$

따라서 65 g 이상 70 g 미만인 계급의 상대도수는

$$\frac{12}{40}=0.3$$

12 ① 열량이 30 kcal 미만인 계급의 상대도수는 0.1이므로 열량이 30 kcal 미만인 과일의 개수는

$$30\times 0.1=3\text{(개)}$$

② 열량이 50 kcal 이상인 계급의 상대도수의 합은

$0.3+0.2+0.1=0.6$이므로 열량이 50 kcal 이상인 과일의 개수는

$$30\times 0.6=18\text{(개)}$$

③ 상대도수가 가장 큰 계급은 50 kcal 이상 60 kcal 미만이다.

④ 열량이 50 kcal 미만인 계급의 상대도수의 합은

$0.1+0.1+0.2=0.4$이므로

전체의 $0.4\times 100=40(\%)$

⑤ 열량이 60 kcal 이상인 계급의 상대도수의 합은

$0.2+0.1=0.3$이므로

전체의 $0.3\times 100=30(\%)$

따라서 옳은 것은 ①, ⑤이다.

13 ① A반의 상대도수가 B반의 상대도수보다 큰 계급은

3회 이상 6회 미만, 6회 이상 9회 미만의 2개이다.

② B반의 그래프가 A반의 그래프보다 오른쪽으로 더 치우쳐 있으므로 B반이 A반보다 등산 횟수가 대체적으로 더 많다고 할 수 있다.

③ B반의 학생 중 등산 횟수가 12회 이상인 계급의 상대도수의 합은

$0.35+0.15=0.5$이므로

전체의 $0.5\times 100=50(\%)$

④ 등산 횟수가 6회 미만인 학생 수는

A반: $30\times 0.1=3$(명),

B반: $40\times 0.05=2$(명)

즉, 등산 횟수가 6회 미만인 학생은 A반이 B반보다 $3-2=1$(명) 더 많다.

⑤ A반에서 도수가 가장 큰 계급은 상대도수가 0.4로 가장 큰 계급인 6회 이상 9회 미만이다.

따라서 옳지 않은 것은 ③이다.

MEMO

메가스터디 중등 학습 시리즈

메가스터디BOOKS

내용 문의 02-6984-6901 ㅣ 구입 문의 02-6984-6868,9 ㅣ www.megastudybooks.com

수학이 쉬워지는 벽한 루션

완쓸
개념연산